JN112066

コードが
動かないので
帰れません！

新人プログラマーのための
エラーが怖くなくなる本

桜庭洋之
望月幸太郎

SE
SHOEISHA

はじめに

　プログラミングは、私たちの思考を具現化してさまざまな課題を解決に導ける、非常に魅力的で挑戦しがいのある行為です。しかし、**プログラムを完成して動かすまでの過程は、必ずしも順調に進むものではありません。**時には、コードを書いている時間よりも、エラーの対応に頭を悩ませている時間のほうが長いことさえあります。意図したように「コードが動かない」という状況で、上手な対応ができるかどうかは、プログラマーとしての生産性や仕事の達成度を大きく左右します。

　特に、開発現場でプログラミングの経験が少ない方は、エラーの対処法がわからないまま仕事が進まず、時には帰れないような状況に直面することもあるかもしれません。筆者自身も、プログラミングを学び始めた当初はもちろん、新しい技術を学ぼうとするたびに、同じような経験をしてきました。

　不具合（=コードが動かない状況）を解決するスキルは、プログラミングにおける重要な能力の1つです。不具合の原因を効率的に見つけ、修正できるようになれば、より高品質なコードを短時間で書くことが可能になります。

　また「不具合を効率的に解決できるかどうか」は、プログラミングの初級者と中級者を分ける大きな壁の1つといってもよいでしょう。初級者の中には、エラーを読むという行為や、プログラムが思い通りに動かない状況を、苦痛に感じる方もいるかもしれません。

そんなときはぜひ、**不具合を解決するための道のりを「宝探し」や「パズル」のようなものと考えてみてください**。本書は、不具合に悩むプログラミング初級者の皆さんのために、効率的な「宝」の探し方や、「パズルを解く」ための試行錯誤の方法を紹介しています。本書で身につけた知識や技術を駆使すれば、不具合の対処がスムーズにできるようになり、きっとプログラミング自体がもっと楽しくなることでしょう。

　本書は「コードが動かない！」と悩んだ経験がある、すべてのプログラマーにとって一助となる一冊を目指しました。本書を通じて、皆さんがプログラミングをより楽しめるようになるとともに、成果を出せるようになることを願っています。

桜庭洋之、望月幸太郎

プロローグ

主人公のミスミくんが書いた「完璧な（と思っていた）コード」は、い
ざ実行してみるとエラーで動きませんでした。このような状況は、プログ
ラマーであれば誰もが一度は経験したことがあるでしょう（筆者もよくあ
ります）。コードをきちんと動かすためには、エラーの原因を探して修正
しなければいけません。

　本書では、このような「エラー」や「意図通りに動かない不具合」の原
因を探るための、基本的な考え方や手法を解説しています。一冊を通し
て、読者の皆さんがミスミくんのような困難に直面した際にも、慌てず効
率的に作業できるようになることを目指します。

　「コードが動かない！」という状況で遭遇する問題は大きく2つに分けら
れます。それは**「エラーを読むことで解決できる問題」**と**「原因の探索が
必要な問題」**です。本書では、これら2つの問題に焦点を当てて解説を進
めていきます。

　まず第1、2章では「エラーを読むことで解決できる問題」を取り上げま
す。

第 1 章

　第1章では「なぜエラーを読みたくないと感じるのか」というそもそも
の理由に触れ、エラーを怖がらずに読めるようになるための考え方を紹介
します。

第 2 章

　第2章では、エラーの具体的な読み方を解説します。エラーの構成要素
や種類を知ることで、効率的に概要をつかめるようになります。

　続く第3、4章では「原因の探索が必要な問題」を取り上げます。エラー
を読んでも解決できない、あるいはエラーが出ない、といった状況で不具
合の原因を探索できるようになることを目指します。

第 3 章

　第3章では、不具合の原因を特定するための「デバッグ」と呼ばれる手法について解説します。

第 4 章

　第4章では、ツールを駆使してより効率的に原因を探すための手法を解説します。ツールを上手に使えば問題解決が効率的になります。

　そして、実際のプログラミングでは「どうしても解決が難しい問題」と遭遇することもあります。

第 5 章

　どんなに原因を探しても不具合が解決できない、という場面は、実際のプログラミングではよくあるものです。第5章ではそんな場面で、どうやって解決の糸口をつかむのかを紹介します。

第 6 章

　最後に、第6章では不具合の原因を特定しやすいコードの書き方を解説しています。不具合の原因の特定が容易なコードは、不具合が起きにくい良質なコードともいえます。ぜひ、不具合を解決するスキルを磨くと同時に、良質なコードを書くための知識も身につけてください。

　それでは本書を手元に、「**コードが動かない！**」という状況を切り抜ける**ためのスキル**を一緒に磨いていきましょう！

第 1 章

エラーはどうして怖いのか？

第 2 章

エラーの上手な読み方

第 3 章

不具合の原因を効率的に見つけるには？

第 4 章

ツールを活用してデバッグを楽にしよう

第 5 章

どうしても解決できないときは？

第 6 章

デバッグしやすいコードを書こう

COLUMN

エラーは
どうして
怖いのか？

プログラムを書いていれば誰もがエラーに遭遇します。エラーは、プログラムの不具合を直すための貴重な情報源であり、プログラマーにとっては心強い味方の1つです。エラーから得られるヒントを手がかりに、正しいコードへと修正していくことができます。

一方で、**エラーに"なんとなく"苦手な意識を持っている人**も多いのではないでしょうか。プログラムの書き方を勉強する機会はたくさんありますが、エラーとの向き合い方について学ぶ機会はほとんどありませんから、それもしかたのないことです。特に初心者であれば、エラーを読み飛ばしてしまうこともあるでしょう。主人公のミスミくんのように、そもそも読む習慣がないということもあるかもしれません。

本書の目標の1つは、**エラーへの苦手意識を払拭し、エラーと仲良くなること**です。第1章ではまず「なぜエラーに苦手意識を感じるのか?」「なぜエラーを読み飛ばしてしまうのか?」といった点に目を向けます。形式的にエラーを学ぶだけではなく、つまずきやすいポイントも把握することで、苦手意識を克服しやすくなるでしょう。

まずはエラーと仲良くなり、エラーが教えてくれる「不具合を直すためのヒント」をしっかりと読み取れるようになりましょう。

エラーを読んでみよう

　さて、あれこれ考える前にまずは、具体的なエラーを見てみましょう。次のJavaScriptコードを題材に考えます（コード1-1）。このコードはnicknameという変数に「Alice」という値を代入し、console.log()関数を使って変数の値を出力するというシンプルなものです。しかし、このコードを実行するとエラーが発生します。

コード1-1

```
const nickname = 'Alice';
console.log(nikname);
```

　エラーを確認するには、コードを実行しなくてはなりません。JavaScriptのコードを実行する方法はいくつかありますが、Google Chromeの**デベロッパーツール**から確認する方法が最もお手軽でしょう。

　Google Chromeのデベロッパーツールを開くには、図1-1のように、画面右上にある3つの点のマーク「︙」から「その他のツール」→「デベロッパーツール」を選択します　　。

　デベロッパーツールの中にConsole（コンソール）というタブがあるので、そこをクリックするとJavaScriptのコードを記述することができるようになります（図1-2）。コンソールの中では「Enter」キーを押すことでコードが実行されます。また、「Shift」+「Enter」キーを押すことで、コードの途中で「改行」を挿入することも可能です。

　　　Macの場合は、アプリケーションメニューから「表示」→「開発 / 管理」→「デベロッパー ツール」を選択します。

図1-1　デベロッパーツールを開く

図1-2　コンソールタブでコードを実行できる

　コードを入力して「Enter」で実行してみましょう。すると赤い文字で
エラーが表示されます（図1-3）。

図1-3　コードを実行した様子

コード1-1を実行すると、次のエラーが表示されます。

```
Uncaught ReferenceError: nikname is not defined
    at <anonymous>:2:13
```

 うわあ！　エラーだ！

では、先ほどのコードはどこがおかしいのかわかりますか？　エラーの次の文章に注目してみましょう。

```
nikname is not defined
```

これは訳すと「**niknameは定義されていません**」となります。「そんなわけはない。確かに定義しているはず……！」と思うかもしれません。

しかし、元のコード1-1をよく見ると、1行目では「nickname」を定義していますが、2行目では変数名が「nikname」となっており、「c」の文字が抜けるというスペルミスをしています。エラーメッセージが指す通り「niknameという変数は定義されていない」ため、エラーが発生したのです。2行目の「nikname」を「nickname」と正しく書き換えれば、不具合の修正は完了です（コード1-2）。

```
const nickname = 'Alice';
console.log(nickname); ←──── cを足して修正
```

このようにエラーを読むことで、一見すると気づきづらい不具合の原因を正確に突き止めることができます。

　もちろん先ほどの例は簡単なものですから、エラーを丁寧に読まなくても不具合を解消することはできそうです。しかし、実際の開発はもっと複雑なため、このようにエラーを読んで原因を突き止めるという基本的な行為がとても大切になります。

 エラーが出ても、
まずは落ち着いて読めばいいのかぁ

　次の1-2節では、なぜ私たちはエラーを読むことを億劫に感じてしまうのか、その理由を紐解いていきます。読者の皆さんにも思い当たるものがあるかもしれません。苦手に感じる要因がわかれば、漠然とした不安は消え、苦手意識を克服する手がかりも見つけられます。

　また、上の例では、まだエラーの中身を「詳しく」確認することはしていません。エラーの要素や種類を把握することで、複雑な環境においても効率的にエラーの原因を特定できるようになります。エラーの構成要素や種類については、第2章で詳しく解説します。

エラーを読まなくなってしまう理由

　プログラミングを始めて間もない人にとって、エラーはよくわからない「とっつきにくいもの」という印象があるかもしれません。

　このように感じてしまうのは、**エラーが英語で書かれていること**が1つの理由でしょう。英語をマスターしている人にとっては些細なことかもしれませんが、そうではない多くの日本人にとって、言語の壁はエラーを読みづらくさせる大きな要因となります。

　例えば、エラーが「nikname is not defined」ではなく「niknameは定義されていません」と書かれていたら、パッと見ただけでその意味を汲み取ることができ、もう少し親しみを感じられるでしょう。

　エラーを読まなくなってしまう理由は、英語であることも含め、主には次のようなものがあるでしょう。

■ エラーを読まなくなる理由

1. 英語で書かれている
2. 長くて読みづらい
3. 読んでもすぐに原因がわからない

　読者の皆さんにも思い当たるものはありますか？　本節では、これらの理由について1つずつ深掘りして解説していきます。理由がわかれば、対処法も考えられます。**なるべく楽にエラーを読めるようになるポイント**を探っていきましょう。

英語で書かれている

　英語は日本人プログラマーにとって立ちはだかる壁の1つです。エラーが英語であるために読み飛ばしてしまいたくなる気持ちは誰もが共感できるものです。

　しかし、だからといってエラーを読み飛ばしてしまうのは、非常にもったいないことです。英語が苦手な人であれば、翻訳ツールを使うのもよいでしょう。

それはわかるけど、
英語苦手なんだよなぁ……

　例えば次のコードを見てみましょう（コード1-3）。実はこのコードは実行するとエラーが発生します。1-1節で見たサンプルコードと非常に似ていますが、なぜエラーとなってしまうのか、わかりますか？

コード1-3

```
const nickname = 'Alice';
console.Iog(nickname);
```

```
> const nickname = 'Alice';
  console.Iog(nickname);
❌ ▶ Uncaught TypeError: console.Iog is not a function
      at <anonymous>:2:9
```

図1-4　エラーとなってしまう

今度は「nickname」のスペルは間違って
ないみたいだけど……

表示されたエラーの中には、次のメッセージが記載されています。

コード1-3のエラー

```
console.Iog is not a function
```

上のメッセージは「console.Iog は関数ではない」という意味です。ここで「console.Iog」の部分をよく見てみると、なんと本来は小文字の「l（エル）」を使って「log」と書くべきところが、大文字の「I（アイ）」となっていました。「I（アイ）」を「l（エル）」に書き換えれば無事修正は完了です。

こんなミスは普通しないけど、スペルミスはあるあるだよね

このように、エラーを読むことで、エラーの原因はすぐに見つけることができます。もちろんコードをつぶさに見ていけば、たとえエラーを読まなくても、その原因を見つけることは可能です。先ほどの例のように、少ない量のコードであれば、それも大した苦労ではないかもしれません。しかし、コードの量が増えるにつれ、このような人の目を頼りにした調査は大変になります。それは「英語を読む」ことよりも、はるかに労力のかかるものになるでしょう。

■ 簡単な英文法の知識さえあれば大丈夫！

英語が苦手な人は、まずは翻訳ツールを使いながらでも、エラーを読むくせをつけるのが大切です。少しずつ英語の意味を理解できるようにしていきましょう。

日常会話レベルで英語をマスターするのは、もちろん難しいですが、**「エラーに書かれた言葉を読めるようになる」レベルであれば、それほど難しくはありません。**エラーは、文章としてのフォーマットは決まってい

ますし、使われる単語も非常に限られています。英語が苦手だとしても、少しの単語と文法さえ理解しておけば、簡単に読むことができるようになります。

　それではいくつか具体的なエラーメッセージを見てみましょう。それぞれの英文の単語や文法のレベルを確認しながら、エラー特有の文法表現についても見ていきましょう。

エラーの英語を読んでみよう①

```
x is not defined
```

訳　x は定義されていません

　この文章はとてもシンプルです。「define＝定義する」という単語の意味がわかれば、訳すことは難しくありません。「is not defined」は、「be 動詞＋ not（否定）＋過去分詞」と受け身の否定文となっているので、「定義されていない」という意味になります。エラーメッセージは、基本的には短い文章なので、基本的な単語と文法で読み解くことができます。
　また、上の文章には主語（x）と述語（is）が存在しています。一般的に文章を読む際のコツは主語と述語を捉えることです。主語と述語を含むエラーの例をいくつか見ておきましょう。

- x is not a function
    - x は関数ではありません
- x is not iterable
    - x は繰り返し可能ではありません
- Function statements require a function name
    - 関数文は関数名が必要です

どれも文法はそれほど難しいものではありませんが、それぞれプログラミング特有の単語を使用しています。もしかしたら単語の意味に難しさを感じる方もいるかもしれませんが、単語については、後ほど補足をします。ここでは、ひとまず英文法に着目して、英文と訳を確認してみてください。

■ 主語が省略されるケース

　先ほど英文を読むコツは「主語」と「述語」を捉えることと紹介しましたが、実はエラーメッセージにおいては「主語」が省略されることがあります。具体例を見てみましょう。

```
Cannot read properties of null
```

> 訳　null のプロパティを読み取ることができません

　英文の述語は「Cannot read（読むことができない）」です。では、この主体は誰なのでしょうか？　多くの場合、エラーにおける主体は「そのプログラム自体」を指します。そのため、このエラーは例えば「The program」を主語として補い、「The program cannot read properties of null」と考えることができるのです。

　このように、エラーの英文では、主語がプログラム自体やシステムを指しており、それが明らかな場合は「主語が省略」されます。エラーの英文の特徴として頭に入れておくとよいでしょう。主語が省略されるエラーの例をいくつか紹介します。

Cannot set properties of null
　　　　null のプロパティを設定することはできません
Cannot use 'in' operator
　　　　in 演算子を使うことはできません

　エラーメッセージの中には、「主語」も「述語」も含まないごく簡潔な表現もあります。

エラーの英語を読んでみよう③

```
Invalid array length
```

訳 **不正な配列の長さ**

　このエラーメッセージは、「Invalid ＝不正な」という形容詞と、「array length ＝配列の長さ」という言葉が組み合わさり、全体として「名詞句」を成しています。主語も述語もないと、ややぶっきらぼうな印象があるかもしれませんが、エラーメッセージにおいてはこのような表現で十分です。「不正な配列の長さ」というメッセージは、丁寧に言い換えれば「不正な配列の長さを使用しています。使用できませんよ」ということです。

　名詞句によるエラーの例をいくつか紹介します。

Unexpected token '['
　　予期しないトークン '['
missing) after argument list
　　直訳：引数リストのあとの見当たらない)
　　直訳：引数リストの後ろに) がありません

■ よく使われる英単語とプログラミング特有の意味を持つ英単語

　ここまで、エラーの英文の具体例を見てきました。英文法自体は難しいものではありませんが、もしかしたら「単語の意味」は少し難しく感じる部分もあったかもしれません。しかし、安心してください。エラーの英文で使われる単語の種類はそれほど多くありません。以下に頻出の単語をまとめてあるので、参考にしてみてください（表1-1）。

　また、先にも述べましたが、エラーメッセージの中には一般的な英単語

の他に「プログラミング固有の意味を持つ単語」が存在します。これらの単語は辞書で調べて翻訳するだけでは、その真意は汲み取れません。プログラミング用語としてその意味を理解するようにしましょう。こちらも表にまとめています（表1-2）。

　英語が苦手な人にとってエラーを読む行為は、はじめのうちは苦労するかもしれません。まずは焦らずゆっくりエラーを読んでいきましょう。

表1-1　エラーに登場しやすい単語

頻出する英単語やフレーズ	意味
valid / invalid	有効な / 不正な
expected / unexpected	予期した、期待された / 予期しない
defined / undefined	定義された / 未定義の
declared / undeclared	宣言された / 未宣言の
reference	参照
require	必要とする
deprecated	非推奨な
expired	期限切れの
apply	適用する
deny	拒否する
permission	許可
range	範囲
missing	見当たらない

● 表1-2　プログラミング特有の意味を持つ単語

英単語	プログラミング特有の意味
function / argument	関数 / 引数
variable / constant	変数 / 定数、不変な
object / property / method	オブジェクト / プロパティ / メソッド
expression / statement	式 / 文
operator / operand	演算子 / 被演算子（オペランド）
token	トークン
initializer	初期化子（イニシャライザー）
mutable / immutable	変更可能な / 変更不可能な
iteration / iterable	繰り返し / 繰り返し可能な
assignment	代入

読まない理由2　長くて読みづらい

　長い文章というものは、それだけで人を遠ざける力があります。次のようなエラーは、一目見た瞬間に読むのを諦めてしまう人もいるかもしれません。

長いエラーの例

```
ReferenceError: nickname is not defined
    at fn3 (/Users/misumi/section-1/app.js:14:3)
    at fn2 (/Users/misumi/section-1/app.js:10:3)
    at fn1 (/Users/misumi/section-1/app.js:6:3)
    at /Users/misumi/section-1/app.js:18:16
    at Layer.handle [as handle_request] (/Users/misumi/⮠
section-1/node_modules/express/lib/router/layer.js:95:5)
    at next (/Users/misumi/section-1/node_modules/express/⮠
lib/router/route.js:144:13)
```

```
    at Route.dispatch (/Users/misumi/section-1/⤴
node_modules/express/lib/router/route.js:114:3)
    at Layer.handle [as handle_request] (/Users/misumi/⤴
section-1/node_modules/express/lib/router/layer.js:95:5)
    at /Users/misumi/section-1/node_modules/express/lib/⤴
router/index.js:284:15
    at Function.process_params (/Users/misumi/section-1/⤴
node_modules/express/lib/router/index.js:346:12)
```

 長すぎるっっ!!

　このエラーを理解するために、すべての行を隅々まで読まなくてはならないとしたら大変です。しかし、実はその必要はありません。多くの場合、**長いエラーの中で注意して読むべき箇所はわずか2、3行**です。

　詳しくは 第2章の2-1節「エラーの構成要素を知ろう」で解説しますが、エラーは3つの要素から成り立っています（図1-5）。そしてその3つの要素の役割を理解しておけば、読むべき箇所が特定できるようになります。

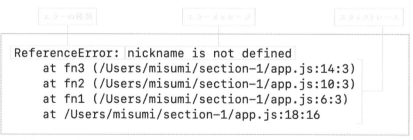

図1-5　エラーを構成する3つの要素

先ほどの例であれば、次に挙げる先頭2行のエラーを読めば十分なのです！

```
ReferenceError: nickname is not defined
    at fn3 (/Users/misumi/section-1/app.js:14:3)
```

訳 **参照エラー: nickname は定義されていません**

ただ漫然とエラーを眺めているだけでは、その情報量の多さに圧倒されてしまうかもしれません。どのポイントが重要なのかがわかれば、読みやすさは大きく変わります。

エラーは全部読む必要はないと覚えておいてね

読まない理由3 読んでもすぐに原因がわからない

筆者は、これがエラーを読まなくなってしまう最大の要因ではないかと考えています。エラーは、読めばすぐに不具合の原因がわかり解決できるものばかりではありません。エラーが発生した箇所と根本的な原因が異なる場合もあります。**場合によっては「一生懸命読んでも解決できない」こともあります。**エラーが発生する領域はさまざまなため、自分が持っているスキルや知識だけではどうしても解決が難しい状況もあるでしょう。「エラーは読んでみたものの、解決方法は見当もつかない……」という場面はプログラミングをしていれば誰もが経験することです。

このような経験を繰り返すうちに、エラーのことが苦手になり、ついにはエラーを読まなくなってしまう人もいるのではないでしょうか。エラーを読んでも解決できないのであれば、わざわざ苦労してまで読む気はなくなってしまいますよね。

エラーを読んでもすぐに解決できない状況はさまざま考えられますが、ここでは次のような状況を見てみましょう。

　例えば、次のようなコードがあり、関数の内部でエラーが発生したことがわかったとしましょう。

コード1-4

```
function hello(user) {                        ここでエラー発生
  console.log(`こんにちは ${user.nickname} さん`);
}
```

コード1-4のエラー

```
Cannot read properties of null (reading 'nickname')
```

> **訳** null のプロパティを読み取ることができません
> （nickname を読み取ろうとしている）

　エラーを読むと、nullに対してnicknameプロパティを読み取ろうとしてエラーになっていることがわかります。一方、コード中でnicknameプロパティを読み取ろうとしている場所は${user.nickname}の部分です。これらのことから「userがnullとなってしまっていることがエラーの原因」であることがわかります。

　さて、ここからが問題です。ではいったいどこを、どのように修正をしたらよいのでしょうか。実は、エラーはhello()関数内部で発生していますが、修正すべき場所はその関数自身ではありません。userはhello()関数の引数として渡されているので、修正すべき場所はhello()関数を呼び出している部分です。（図1-6）。

```
function hello(user) {
  console.log(`こんにちは ${user.nickname} さん`);
}
```

関数helloは
いろいろな場所から
呼ばれている

hello(user1) hello(user2) hello(user3) hello(user4)

図1-6　いろいろな場所から呼ばれる関数

根本の原因はどこにあるんだろう……?

　上図のように関数helloが多くの場所から呼ばれていたとすると、その中から本当の原因を探し出さなくてはなりません。もしも、効率的な探索方法を知らなければ、なかなか大変な作業です。これではエラーを読んでいてもすぐに解決ができず、エラーを読む意義を見失ってしまうかもしれませんね。

　でも安心してください。上のような状況であれば、エラーを丁寧に読むことで効率的に根本原因を探索することができます。エラーの読み方については第2章で詳しく解説していきます。

■ ライブラリなどのコードでエラーが発生する場合

　プログラムを書いていくと、必ず使うことになるのがライブラリです。ライブラリは便利な機能をまとめたコードのことです。ある程度の規模の開発を行う場合は、他人の書いたライブラリを使いながら開発するのが一般的ですが、エラーを読み解く際にやっかいなのは、このライブラリでエラーが発生した場合です（図1-7）。

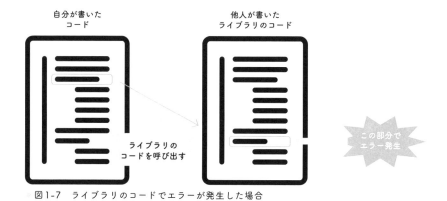

自分が書いた
コード

他人が書いた
ライブラリのコード

ライブラリの
コードを呼び出す

この部分で
エラー発生

図1-7　ライブラリのコードでエラーが発生した場合

　自分が書いたコードであれば、原因を調べることはそれほど難しいことではありませんが、他人が書いたライブラリのコードとなると、調査の難易度は途端に上がります。

　1つ例を見てみましょう。次に示すのはJavaScript を使ってデータベースに接続するサンプルコードと、発生したエラーです。

コード1-5

```javascript
const { Client } = require("pg");
const client = new Client({
  user: "alice",
  password: "password",
  database: "myDb",
});
const connectClient = async () => {
  await client.connect();
};
connectClient();
```

```
error: password authentication failed for user "alice"
    at Parser.parseErrorMessage (/Users/misumi/project/↩
node_modules/pg-protocol/dist/parser.js:287:98)
    at Parser.handlePacket (/Users/misumi/project/↩
node_modules/pg-protocol/dist/parser.js:126:29)
    at Parser.parse (/Users/misumi/project/node_modules/↩
pg-protocol/dist/parser.js:39:38)
    at Socket.<anonymous> (/Users/misumi/project/↩
node_modules/pg-protocol/dist/index.js:11:42)
    at Socket.emit (node:events:513:28)
    at addChunk (node:internal/streams/readable:324:12)
    at readableAddChunk (node:internal/streams/↩
readable:297:9)
    at Readable.push (node:internal/streams/↩
readable:234:10)
    at TCP.onStreamRead (node:internal/↩
stream_base_commons:190:23)
```

　このエラーを見て、原因を見つけることはできますか？　経験のあるプログラマーにとっては簡単かもしれませんが、まだ経験も浅くデータベースの仕組みを理解していない人にとっては難しいものでしょう。

　実はこのエラーには、**自分の書いたコードのどこに原因があるのかを指し示す箇所がありません**。最終的にエラーになった場所は、エラーの2行目 の「/Users/misumi/project/node_modules/pg-protocol/dist/parser.js」というファイルなのですが、このファイルは、ライブラリのソースコードを指しています。ではライブラリのコードに問題があるのかというと、そうではありません。今回の例では、データベースに接続するためのユーザー情報とパスワードを間違えていることが不具合の原因です。

 　な、なんだか複雑なエラーだ……

プログラムは規模が大きくなれば、必然的にライブラリやツールなどの助けを借りることになります。その中で発生した不具合を解消するには、やはりそれなりの知識が必要となってきます。

　例えば上のエラーには「password authentication failed for user "alice"」（訳：ユーザー alice に対するパスワード認証が失敗しました）というメッセージがありますが、そもそも「データベースに接続するにはユーザーとパスワード情報が必要」ということを知らなければエラーの意図を理解できません。そして、データベースの設定や操作方法について知らなければ、そのあとの対処も難しくなります。

　プログラムを書いていれば、解決が難しいエラーに出会うことはあります。それは初心者も経験者も同じことです。しかし、だからといってエラーを読む必要がないということではありません。エラーを読めば少なからず解決へのヒントが得られます。また、見方を変えれば、難しいエラーとの出会いは新しいことを学ぶ機会でもあります。ぜひ前向きな気持ちでエラーに向き合ってみてください。

意外とエラーは怖いやつじゃないのかも……？

エラーはプログラマーの味方ってことを忘れないでね

エラーに向き合う心構え

気楽に考えよう

　読者の皆さんがこの先、プログラマーとしてプログラムを書いていくのであれば、エラーとは長い付き合いになります。本章の最後に、エラーに対する向き合い方について筆者の見解を紹介します。

　プログラマーであれば「エラーを読もう！」という言説は何度も目にしてきたことでしょう。ましてや本書を手に取っている皆さんは、デバッグ[1-2]などにも興味を持っているでしょうから「エラーを読むのが面倒くさい」なんてことは重々承知のことのはずです。一方で、エラーを読んでも、一向に問題が解決できないという経験をしたこともあるでしょう。すぐに解決できない難しいエラーに出会うと「エラーを読むのが面倒くさい」「エラーは怖いもの」という印象を持ってしまうかもしれません。

　「とにかくエラーを読まなくてはいけない」とだけ考えていると辛くなってしまいます。エラーへの向き合い方として、まずは、次のように考えるとよいでしょう。

「すぐに解決できなくても、ヒントが見つかるかも」

　はじめのうちはこれくらい気楽に考えるのがおすすめです。実際、エラーを丁寧に読んでもすぐに解決できない問題はあります。プログラマーの経験やスキルにもよりますし、不具合が発生する領域や難易度もさまざまです。

※1-2　「デバッグ」については本書の第3章で解説します。

一方で、**エラーさえ正しく読めれば、簡単に解決できる問題もたくさんあります**。まずはエラーの難易度を判別するくらいの気持ちで読んでみるのもよいでしょう。エラーを読むハードルを下げ、読むくせをつけることが重要です。エラーを読んでいけば、少しずつ知識も身につき、確実にプログラマーとしての視界が広がっていくはずです。

エラーが出たときはいつも身構えてたけど、
まずは気楽に読んでみよう

難しいエラーは学びを得るチャンス

　エラーを読んでも解決できない壁にぶつかったとき、それは「何かを学ぶチャンス」かもしれません。もちろんプログラミング言語についての学びもあるでしょうが、データベースやHTTP通信に関する知識を深めるきっかけになるかもしれません。学習や経験をしたことのない領域での不具合はすぐには解決できず苦しい時間もありますが、そのような領域を学ぶことがプログラマーとしての成長につながります。

　もちろん、未知の領域を学ぶことは簡単なことではありません。忙しい生活の中で時間を捻出するのも大変なことです。エラーに出会うたびに、あらゆることを学び直していては時間と体力がいくらあっても足りませんから、無理のない範囲でよいでしょう。

　少なくとも「**エラーを読むことで新たな学びを得られるかもしれない**」と考えるだけでも、日々のデバッグがより楽しいものになるはずです。

エラーを読むスキルはずっと役に立つ

　プログラマーとして何年もコードを書いていると、数えきれないほどのエラーに出会います。エラーにはフォーマットがあり、エラーの種類にも限りがあります。一度丁寧にエラーメッセージを読み、内容を理解してしまえば、その先の開発はとても楽になります。逆にエラーメッセージから目を背け、うやむやな状態にしてしまうと、その先もずっとエラーに苦手意識を持ったままになってしまいます。

　エラーは、プログラマーが効率よくデバッグを行うための最大の味方です。この先開発をしている中でエラーに出会ったら、ぜひ本書で学ぶことを踏まえてじっくり読んでみてください。エラーをより身近な存在として感じてもらえれば嬉しいです。

エラーを読むスキルが身につけば、
プログラミングの上達が早くなるよ

不具合の修正に費やす時間

　開発者の生産性に関する調査　※1-A　によると、プログラムの不具合の調査や修正に費やす時間は、業務時間のおよそ40%にあたると報告されています。当然、開発者やプロジェクトの規模によって大きく変動するものですが、筆者の体感としてもそれくらいの時間はエラーやバグと向き合っている実感があります。つまり、エラーをスラスラと読めるようになることは開発者の生産性に大きく影響することがわかりますね。

※1-A　「The Developer Coefficient」
　　　　https://stripe.com/files/reports/the-developer-coefficient.pdf

エラーの
上手な
読み方

前章ではエラーに苦手意識を感じてしまう要因について見てきました。ここからは、エラーそのものについて詳しく学んでいきましょう。エラーを読んだほうがよいとわかっていても**「どこをどう読んだらよいのかわからない」**という悩みもあるでしょう。そんな悩みを解消するのが第2章のゴールです。

　本章では、**エラーの「構成要素」と「種類」**について解説します。
　エラーにはいくつかの情報が記載されていますが、まずはエラーを構成する要素を把握することが大切です。要素を知れば、エラーのどこに重要な内容が書かれているのかわかります。エラーが膨大であっても、読むべき箇所をピックアップできれば、肩の力を抜いてエラーが読めるようになるでしょう。そして、エラーの種類を知れば、その対処法も容易に想像できるようになります。
　この章を通じて、エラーのことを知り、エラーをスラスラと読めるようになりましょう！

エラーの構成要素を知ろう

　エラーをスラスラ読めるようになるには、**エラーの構成要素を把握する**
ことが大切です。プログラミング言語によってエラーの表示に細かな違い
はありますが、大枠の構造は共通しています。構成要素さえしっかりと理
解してしまえば、エラーを怖がることはなくなるはずです。

　エラーを構成する主な要素は次の3つです。

　エラーの種類
　エラーメッセージ
　スタックトレース

　　ス、スタックトレース！？
　　聞いたことないです……

あとでしっかり説明するね！　

　図2-1〜図2-3は、JavaScript、PHP、Pythonのコードを実行して発生し
たエラーです。各言語のエラーの中で、構成要素がどこに記されているか
を図示しています。言語によって記載される位置は変わりますが、構成要
素自体は共通していることがわかります ※2-1。

※ 2-1　JavaScriptやPHPのエラーの種類の直前に「Uncaught」という単語がありますが、こ
　　　の意味については第5章 5-3節「エラーが見つからないときは？」で紹介します。

```
❌ ▶ Uncaught ReferenceError: nickname is not defined
     at fn3 (<anonymous>:12:15)
     at fn2 (<anonymous>:8:3)
     at fn1 (<anonymous>:4:3)
     at <anonymous>:1:1
```

図2-1　JavaScriptのエラー

```
Fatal error: Uncaught ArgumentCountError: Too few arguments to function fn3(),
0 passed in /Users/misumi/section-2/sample.php on line 8 and exactly 1 expected
 in /Users/misumi/section-2/sample.php:11
Stack trace:
#0 /Users/misumi/section-2/sample.php(8): fn3()
#1 /Users/misumi/section-2/sample.php(4): fn2()
#2 /Users/misumi/section-2/sample.php(15): fn1()
#3 {main}
  thrown in /Users/misumi/section-2/sample.php on line 11
```

図2-2　PHPのエラー

```
Traceback (most recent call last):
  File "/Users/misumi/section-2/sample.py", line 10, in <module>
    fn1()
  File "/Users/misumi/section-2/sample.py", line 2, in fn1
    fn2()
  File "/Users/misumi/section-2/sample.py", line 5, in fn2
    fn3()
  File "/Users/misumi/section-2/sample.py", line 8, in fn3
    print(nickname)
NameError: name 'nickname' is not defined
```

図2-3　Pythonのエラー

それではエラーの要素を1つずつ見ていきましょう。まずは「エラーの種類」です（図2-4）。エラーにはさまざまなバリエーションがありますが、それらはいくつかの種類に分類されています。上の例で示した「ReferenceError（JavaScript）」「ArgumentCountError（PHP）」「NameError（Python）」などがエラーの種類です。これらの種類はプログラミング言語によって異なるものですが、この種類を把握することでエラーの概略をつかむことができます。

```
エラーの種類

❌ ▶ Uncaught ReferenceError: nickname is not defined
       at fn3 (sample.html:19:21)
       at fn2 (sample.html:16:9)
       at fn1 (sample.html:13:9)
       at sample.html:10:7
```
図2-4　エラーの種類

例えば、ReferenceErrorは「参照エラー」のことで、これは存在しない変数などを参照しようとして発生するエラーです。そのため「変数が正しく定義されているかを確認すればよい」と不具合を解決するための道筋をある程度予想できます。また、ArgumentCountErrorであれば、関数の引数（argument）の数（count）が間違っていることを示しているので、定義された関数と、その関数を呼び出している部分を確認すればよいことがわかります。

このように、エラーの種類を知ることで、どのようなミスをしていて、どのように対処すればよいのかを予想できます。

エラーの種類がわかれば、
余計な調査をしなくて済むってことか！

すべてのエラーの種類を無理に覚えようとする必要はありません。エラーを読むくせをつけることで、自然と知識が身につきます。

　2-2節では、JavaScriptを例に、具体的なエラーの種類をいくつか見ていきます。

構成要素2　エラーメッセージ

　2つ目の要素は「エラーメッセージ」です（図2-5）。エラーメッセージにはエラーの具体的な原因が記載されています。

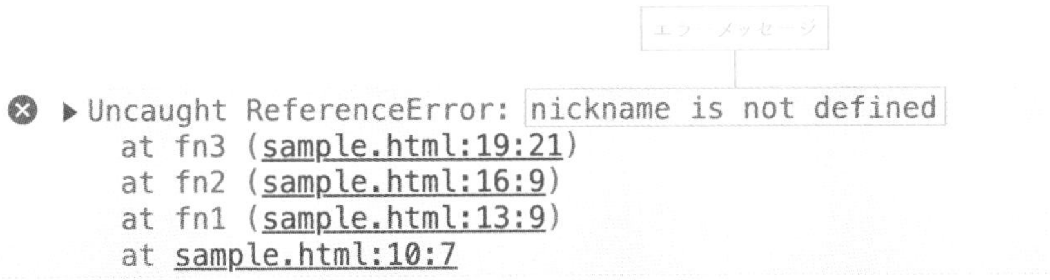

```
                                    エラーメッセージ

❌ ▶ Uncaught ReferenceError: nickname is not defined
       at fn3 (sample.html:19:21)
       at fn2 (sample.html:16:9)
       at fn1 (sample.html:13:9)
       at sample.html:10:7
```

図2-5　エラーメッセージ

　例えば、これまで見てきたように「A is not defined」とエラーメッセージが書かれていれば、「Aが定義されていない」ということがわかります。ここを読まずして、エラーの効率的な解決はできません。英語の文章ですが、決して面倒くさがらずに、丁寧に読んで意味をしっかりと捉えましょう。1-2節でも触れましたが、エラーメッセージの英文はそれほど難しいものではありません。はじめのうちは、多少の時間をかけてでも、単語の意味を調べてしっかりとメッセージを理解するよう努めましょう。この努力を惜しまないことが、エラー解消への近道です！

　前述したエラーの種類で概略をつかみつつ、さらにエラーメッセージを読むことで、内容が理解しやすくなるはずです。

構成要素3　スタックトレース

最後の要素は「スタックトレース」です（図2-6）。スタックトレースは簡単にいうと、**エラーが発生するまでの処理の流れを表したもの**です。初心者の方にとってはあまり聞き慣れない用語かもしれませんが、このスタックトレースはエラーを理解するにあたって、とても重要な役割を果たします。

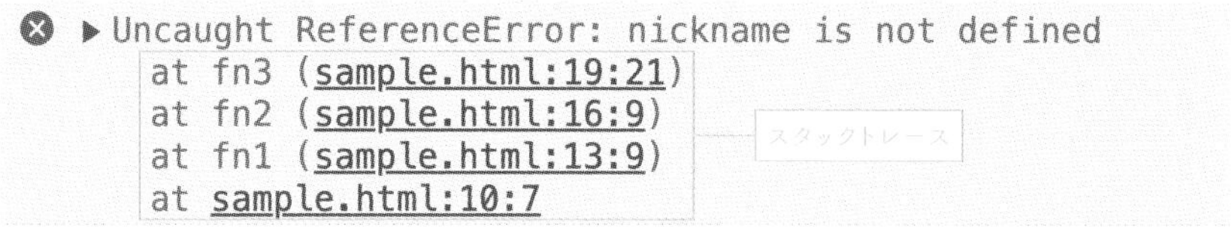
▶Uncaught ReferenceError: nickname is not defined
at fn3 (sample.html:19:21)
at fn2 (sample.html:16:9)
at fn1 (sample.html:13:9)
at sample.html:10:7
スタックトレース

図2-6　スタックトレース

エラーの種類とエラーメッセージを読んで、エラーの原因がわかったとしても、その原因の「場所」がわからなければ、不具合を解消することはできません。この「場所」を教えてくれるのがスタックトレースなのです（図2-7）。

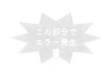

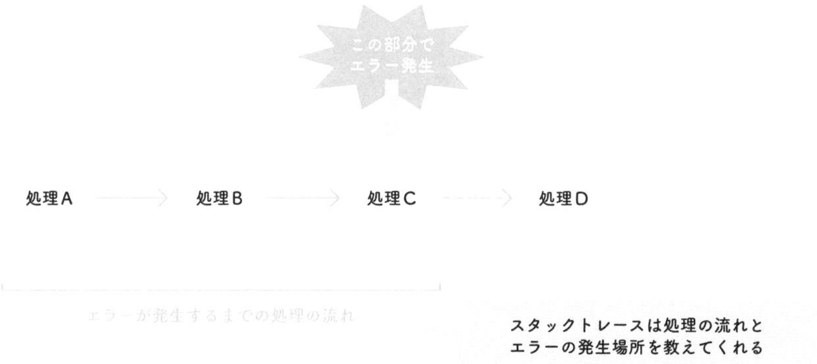
この部分で
エラー発生
処理A
処理B
処理C
処理D
エラーが発生するまでの処理の流れ
スタックトレースは処理の流れと
エラーの発生場所を教えてくれる

図2-7　スタックトレースが教えてくれるもの

スタックトレース（stack trace）※2-2 は、**プログラム内の関数がどの順序で呼ばれたかを示す履歴情報**です。トレース（trace）は「足跡／記録」の意味で、スタック（stack）は「山積みにされたもの」を表します。

例えば、図2-8の左側のコードを例に考えてみましょう。処理の流れに従い、関数fn1が呼ばれ、その内部で関数fn2が呼ばれると、その順番で履歴データが山積みにされていくイメージです。

コード

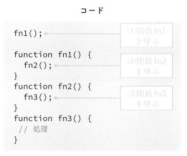

スタックトレースのイメージ

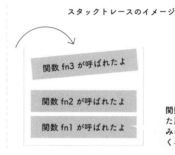

関数fn3 が呼ばれたよ

関数fn2 が呼ばれたよ

関数fn1 が呼ばれたよ

関数が呼ばれた順に、山積みになっていくイメージ

図2-8　コードとスタックトレースのイメージ

呼ばれた順に箱に入れていくイメージだね

■ スタックトレースの具体例

スタックトレースの具体例をもとに、詳細を確認していきましょう。次のコードはHTMLファイルですが、<script> タグ内部に JavaScript のコードが存在しています（コード2-1）。関数fn1、fn2、fn3が定義されていて、関数fn3の内部にエラーが潜んでいます。

※2-2　バックトレース（backtrace）、トレースバック（traceback）などとも呼ばれます。

```html
<!DOCTYPE html>
<html lang="ja">
  <head>
    <meta charset="UTF-8" />
    <title>Sample</title>
  </head>
  <body>
    <h1>Stack trace</h1>
    <script>
      fn1();

      function fn1() {
        fn2();
      }
      function fn2() {
        fn3();
      }
      function fn3() {
        console.log(nickname);
      }
    </script>
  </body>
</html>
```

　このコードを実行するには、HTMLファイルとして保存し、Google Chromeなどのブラウザで開きます。1-1節で紹介したGoogle Chromeのデベロッパーツールを開くと、コンソールには図2-9のようにエラーが表示されます。

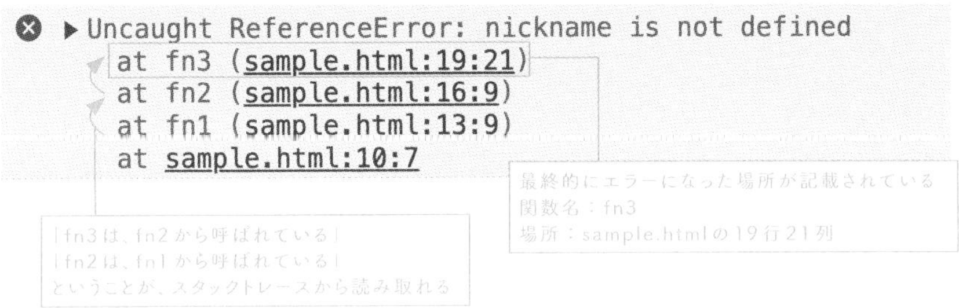

```
⊗ ▶Uncaught ReferenceError: nickname is not defined
      at fn3 (sample.html:19:21)
      at fn2 (sample.html:16:9)
      at fn1 (sample.html:13:9)
      at sample.html:10:7
```

最終的にエラーになった場所が記載されている
関数名：fn3
場所：sample.htmlの19行21列

「fn3は、fn2から呼ばれている」
「fn2は、fn1から呼ばれている」
ということが、スタックトレースから読み取れる

図2-9　スタックトレースの読み方

　スタックトレースの1行目には、最終的にエラーとなった場所である、関数fn3の情報が記載されています。「sample.html:19:21」はエラーが発生したファイル名と、エラーが発生した位置の行と列の番号を表しています（列番号は行の先頭から何文字目かを表します）。つまり、今回の例では「sample.htmlの19行21列」でエラーが発生していることがわかります。

　そして、2行目には関数fn2の情報が、3行目には関数fn1の情報が記載されています。このようにJavaScriptの場合は下から上に処理の流れが進みます（図2-10）。

　また、fn2の後ろの括弧内の「16:9」はfn3を呼び出している箇所を示しています。同様にfn1の「13:9」はfn2を呼び出している箇所を示しています。

```
⊗ ▶Uncaught ReferenceError: nickname is not defined
      at fn3 (sample.html:19:21)
      at fn2 (sample.html:16:9)
      at fn1 (sample.html:13:9)
      at sample.html:10:7
```

（JavaScriptの場合）
下から上の順で関数が呼ばれている。
一番上の行が最後に実行してエラーになった箇所を示す

関数fn2の中でfn3が
呼ばれた場所を示す

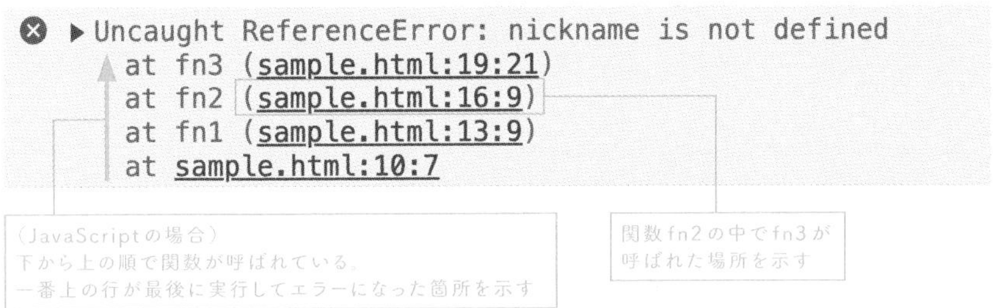

図2-10　スタックトレースの並ぶ順番（JavaScriptの場合）

　さて、スタックトレースがどのようなものか理解できたところで、続い
てスタックトレースの読み方を押さえましょう。

　**スタックトレースは最終地点でエラーが発生しているので、まずはそこ
から読んでいくのが効率的です**。最終地点を読み、そこでエラーの原因と
場所がわかって解決できるのであれば、それ以前のスタックトレースを読
む必要はありません。

　上の例の最終地点を改めて見てみましょう。次の箇所がエラーの発生し
た最終地点です（図2-11）。

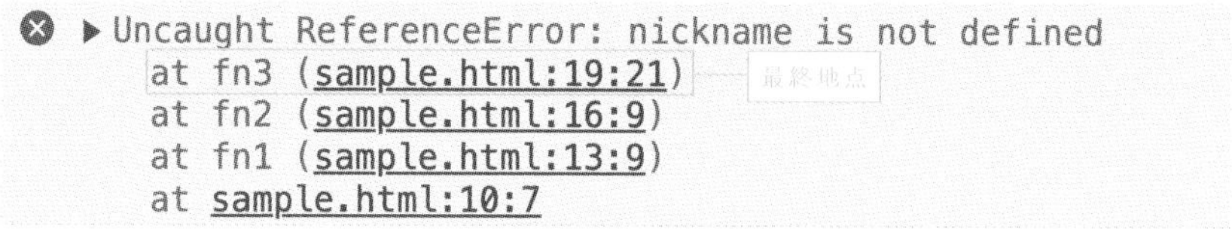

```
⊗  ▶Uncaught ReferenceError: nickname is not defined
    at fn3 (sample.html:19:21)          最終地点
    at fn2 (sample.html:16:9)
    at fn1 (sample.html:13:9)
    at sample.html:10:7
```

図2-11　スタックトレースは最終地点を読む

　スタックトレースには、実行された関数の名前だけでなく、ファイル名
と行番号と列番号が記載されています。「sample.html」がファイル名で、
「19:21」の部分が行番号と列番号を示しています。関数名、ファイル名、行
番号までわかったら、あとはその場所を見にいくだけです。

　ちなみに、多くのエディタでは指定の行数と文字数を指定してジャンプ
する機能があります。例えば「Visual Studio Code」ではメニューの「移
動」→「行/列へ移動」を選択し、「19:21」と入力すると、19行目21文字
の位置に移動できます（図2-12）。ショートカットですばやく使えるように
なると作業が効率的になるでしょう。

```
 1    <!DOCTYPE html>
 2    <html lang="ja">
 3      <head>
 4        <meta charset="UTF-8" />
 5        <title>Sample</title>
 6      </head>
 7      <body>
 8        <h1>Stack trace</h1>
 9        <script>
10          fn1();
11
12          function fn1() {
13            fn2();
14          }
15          function fn2() {
16            fn3();
17          }
18          function fn3() {
19            console.log(nickname);
20          }
21        </script>
22      </body>
23    </html>
```

図2-12　Visual Studio Code上でエラーの原因箇所を探す

行頭からの文字数は、
スペースも1文字として数えるよ

コード2-1は「19行目の21文字目」でエラーが発生したことがわかりました。19行目の21文字目に該当する箇所はconsole.log(nickname)の変数nicknameの最初の「n」の部分です。エラーメッセージにはnickname is not definedと書かれていて、これは「nicknameは定義されていない」という意味です。改めてコードを俯瞰して見てみると、どこにもnicknameという変数が定義されておらず、これがエラーの原因であるということがわかります。

1-2節「エラーを読まなくなってしまう理由」でも触れましたが、スタックトレースは複数行にわたって長々と表示される場合もあり、はじめて見る人にとっては抵抗があるかもしれません。

スタックトレースはエラーが発生した最終地点から読むのが効率的です。**すべての行を読もうとせずに、まずは最終地点の1行を読めばいいのです。**

ぜんぶ読まなくていいって考えるだけでも
気が楽だなぁ

■ 最終地点だけでは解決できない例

スタックトレースの最終地点を読めば原因の場所を特定できる場合もありますが、その情報だけでは足りない場合もあります。1-2節「 読まない理由3 読んでもすぐに原因がわからない」（17ページ）で紹介した例を改めて見てみましょう。次に示すのはあるコードの断片と、そのコードによって発生するエラーです（図2-13、図2-14）。

エラーが発生した場所
（userがnullとなってしまったことがエラーの原因）

```
13
14      function hello(user) {
15        console.log(`こんにちは ${user.nickname} さん`);
16      }
17
18      hello(user1);
19      hello(user2);
20      hello(user3);
```

エラーの原因と思われる場所が複数存在している！

図2-13　原因がすぐにわからない（コード）

```
▶Uncaught TypeError: Cannot read properties of null (reading 'nickname')
    at hello (index.html:15:35)
    at index.html:20:7
```

15行目でエラーが発生していることがわかる

図2-14　原因がすぐにわからない（エラー）

スタックトレースの1行目にある「index.html:15:35」は最終的にエラーが発生した場所です。エラーメッセージにはCannot read properties of null (reading 'nickname')と書かれていて、userがnullとなっていることが原因であることがわかります。この問題を解消するにはhello関数に渡された引数userがnullとなってしまったことに対処しなくてはなりません。しかし、困ったことにhello関数を使っている場所は、3箇所もあります。**もし、スタックトレースを知らなければuser1、user2、user3をすべて調べていかなくてはなりません。**

しかし、ありがたいことにスタックトレースは、この中からエラーの原因となる箇所を教えてくれています。スタックトレースの2行目を見てみましょう（図2-15）。「20:7」と書かれていますが、ここでhello関数を呼んだことが原因でエラーが発生しているとわかります。そのため、コードの20行が原因の箇所で、引数user3がnullとなってしまっていることがわかります。ここまでわかれば、あとはuser3を定義している場所を確認すれば不具合を解消できます（図2-16）。

```
❌ ▶ Uncaught TypeError: Cannot read properties of null (reading 'nickname')
       at hello (index.html:15:35)
       at index.html:20:7
```
20行目で呼んだhelloの関数がエラーの原因とわかる

図2-15　スタックトレースの2行目を見る

```
13
14        function hello(user) {
15          console.log(`こんにちは ${user.nickname} さん`);
16        }
17
18        hello(user1);
19        hello(user2);
20        hello(user3);
```
20行目が原因の経路であることがわかる

図2-16　エラーの原因となる箇所

スタックトレースをたどっていけば、効率的に原因を探れるよ

スタックトレースの向きは言語によって違う?

　JavaScriptや多くのプログラミング言語の場合は、スタックトレースは下から上への流れで記述されています。つまり一番上を見ればエラーの箇所が特定できます。

　しかし、Pythonでは逆の順序で出力されます。上で見たようにfn1→fn2→fn3と処理が進みfn3内でエラーが発生する場合、Pythonのスタックトレースは次のようになります。そのため、Pythonでエラーの原因を探すには、スタックトレースの一番下を見る必要があります。

Pythonのスタックトレース

```
Traceback (most recent call last):
  File "/Users/misumi/sample.py", line 10, ⮐
in <module>
    fn1()
  File "/Users/misumi/sample.py", line 8, in fn1
    fn2()
  File "/Users/misumi/sample.py", line 5, in fn2
    fn3()
  File "/Users/misumi/sample.py", line 2, in fn3
    print(nickname)
NameError: name 'nickname' is not defined
```

エラーの原因が書かれている

エラーの種類を知ろう

　前節で、エラーにはいくつかの種類が存在すると紹介しました。本節ではJavaScriptを例に、具体的なエラーの種類を見ていきましょう。エラーの種類を把握しておくと、エラーの概要をすぐにつかむことができ、どのようなミスをしていて、どのように修正すればよいか予測を立てやすくなります。

　エラーの種類はプログラミング言語によって異なりますが、本節の内容はJavaScript以外の言語を学んでいる方にとっても参考になるはずです。

　大切なことは、まず、「**エラーにはいくつかの種類がある**」と認識すること、そして「**エラーの種類を踏まえてエラーメッセージを読んでみる**」ことです。このことを意識してエラーを読んでいけば、エラーを理解しやすくなりますし、自然と知識も身についていきます。

■ 本節で紹介するJavaScriptのエラーの種類

SyntaxError：構文エラー

　　　コードの文法が間違っている場合に発生

ReferenceError：参照エラー

　　　存在しない変数や関数を参照しようとした場合に発生

TypeError：型エラー

　　　値を不適切な方法で扱った場合に発生

RangeError：範囲エラー

　　　許容されない範囲の値を関数に渡そうとした場合に発生

SyntaxError

　まず紹介するのはSyntaxErrorです。Syntaxは「構文」という意味で、SyntaxErrorは構文の間違いによるエラーを指します。

　具体的にSyntaxErrorを起こすコードと、エラーの中身を見ていきましょう。

SyntaxErrorが発生するコード

```
function add[a, b] {    ← エラーの原因箇所
  return a + b
}
```

SyntaxErrorの例

```
SyntaxError: Unexpected token '['
```

> 訳　構文エラー: 予期していないトークン '['

　上は関数を定義することを意図したコードですが、構文が間違っています（エラーメッセージ中の「トークン」とは、プログラムにおける最小の単位の文字列や記号のことです）。本来、関数を定義する場合は関数名の後ろに ( ) を用いるのですが、その部分が [ ] となっています。本来、期待されている「 (」の部分に予期しない「 [」が記述されていることを教えてくれています。

　このようにSyntaxErrorは「構文」の問題です。プログラムのロジックに問題があるわけではないので、ロジックの調査をする必要はありません。**書き方の誤りを見つけることに注力しましょう。**該当箇所さえ見つかればすぐに直せるものが多いはずです。

Reference は「参照」という意味です。例えば、存在しない変数を使おうとすると、それは参照するデータが存在しないことになるので、参照エラーとして ReferenceError が発生します。

ReferenceError が発生するコード①

```
let message = "楽しいデバッグ";

function showMessage() {
  console.log(mesage);          エラーの原因箇所
}
showMessage();
```

ReferenceError の例①

```
ReferenceError: mesage is not defined
```

> **訳** 参照エラー: mesage は定義されていません

このエラーでは、mesage が未定義であると伝えられています。4行目の console.log に渡す引数が mesage となっていますが、よく見るとスペルをミスしていて「s」が1つ足りません。正しくは message です。このように定義されていない変数や関数などを参照しようとすると ReferenceError が発生します。

もう1つ例を見てみましょう。次のコードは一見すると変数 message が定義されているように見えます。

ReferenceError が発生するコード②

```
if (true) {
    const message = "楽しいデバッグ";
```

```
}
function showMessage() {
    console.log(message);  ┄┄┄┄┄ エラーの原因箇所
}
showMessage()
```

```
ReferenceError: message is not defined
```

> **訳** 参照エラー: message は定義されていません

　確かに、2行目にmessageは定義されていますが、この変数はif文の内部で定義されていて、スコープ（有効範囲）は、if文のブロック内（{～}の中）に限られます。このように、変数が定義されていたとしても、スコープが異なれば「参照」することはできないため、ReferenceErrorとなります。

> 「スコープ」は変数や関数を参照できる範囲のことだったよね

エラーの種類3　TypeError

　TypeError（型エラー）は、プログラム中の値を不適切な方法で扱った場合に発生するエラーです。例えば、JavaScriptにおいて文字列の長さを調べるには、lengthプロパティを使うことができるのですが、これを文字列ではなくnullに対して適用するとエラーが発生します。

```
"hello".length        ❶ hello の文字数「5」が値として返る

null.length           ❷ エラーの原因箇所
```

```
TypeError: Cannot read properties of null (reading 'length')
```

　nullはlengthプロパティを持っていないので、❷のようなコードは値
（null）を不適切な方法で扱ってしまっているわけです。
　「文字列型」の値を想定した処理を「Null型」の値に適用してしまうよう
に、「型（Type）」の誤りによって不具合を引き起こすことは、JavaScript
に限らず多くのプログラミング言語でよくあることです。不具合の発生を
抑制するためにも、値の型をしっかりと意識することが必要です。
　JavaScriptにおけるTypeErrorは、他にも次のようなケースで発生します。

❶ constで定義した変数に再代入をしようとしたとき
❷ 関数でない値を関数のように扱ったとき

```
const a = 1;
a = 2;                ❶ const で定義した変数に再代入をする

const x = "hello"
x();                  ❷ 関数でない値を関数呼び出しする
```

```
TypeError: Assignment to constant variable.    ❶ のエラー
TypeError: x is not a function                 ❷ のエラー
```

RangeError

　まずは具体例を見てみましょう。次に示すのは配列を生成するコードと、それによるエラーです。

RangeErrorが発生するコード

```
const arr = new Array(-1);
```

RangeErrorの例

```
RangeError: Invalid array length
```

> **訳** **範囲エラー：不正な配列の長さ**

　配列を作るためのnew Array(引数)というコードの引数には配列の要素数を渡すことができるのですが、この有効範囲は0以上の整数です。上の例では-1を渡しているため、RangeErrorが発生します。
　以上のように、RangeErrorは許容された範囲外の値を引数に渡した場合に起こります。このエラーが出たら、**引数の値を確認してみるとよいでしょう。**

その他の言語のエラーの種類

　その他の言語ではどのようなエラーの種類があるのでしょうか。下にまとめておきます。

■ PHPでのエラー
- ParseError：PHPの構文エラー
- TypeError：引数や返り値の型が期待するものと一致しない場合のエラー
- ValueError：関数が有効な範囲の外の値を受け取った場合のエラー

SyntaxError：Ruby の構文エラー

NoMethodError：存在しないメソッドが呼び出されたときのエラー

ArgumentError：引数の数が期待するものと一致しない場合や、期待する形式と異なる場合のエラー

RuntimeError：ユーザーが自分で定義したエラーのデフォルト型

NameError：未初期化の定数や未定義のメソッド名を参照したときのエラー

TypeError：オブジェクトが期待する型でない場合のエラー

AttributeError：属性参照や代入が失敗した場合のエラー

ImportError：import 文がモジュールのロードに失敗したときのエラー

IndexError：シーケンスの添字が範囲外のときのエラー

KeyError：マッピング（辞書）のキーが存在しないときのエラー

TypeError：操作や関数が適用されたオブジェクトの型が適切でない場合のエラー

ValueError：操作や関数は正しい型だが、適切でない値を持つ引数を受け取ったときのエラー

　ここまで紹介したように、エラーの種類がわかれば、その原因と修正方法は予測しやすくなります。紹介したエラー以外にも種類はありますし、他の言語ではまた違った種類が存在します。すべてを覚えておく必要はありませんが、エラーに出会うたびに少しずつ知識をためていけるとよいでしょう。

同じエラーが出てきたら、
対策が生かせるね！

第 3 章

不具合の
原因を
効率的に
見つけるには？

これまでの章では、エラーの読み方とその重要性について学びました。第3章では、さらに一歩進み「デバッグ」について学んでいきます。デバッグとは、エラーの原因を特定し、それを修正する一連の作業です。

　これまでに学んだエラーを読むという行為も、デバッグの1つです。しかし、プログラミングを進めていく中では、エラーを読んでも問題の原因を特定できない状況や、エラーは発生していないけれど想定通りの動きをしてくれないことも多くあります。

　第3章では、そんな状況の中でも**効率的に不具合の原因を見つける方法**を解説していきます。

　特にエラーが発生しないような状況においては、闇雲に原因を見つけようとするのではなく、プログラムの状況を観察し、効率的な探索手法を活用することが重要です。

3 - 1

デバッグとは？

　デバッグとは、**エラーの真の原因を見つけ出し、それを修正する一連の作業**のことです。このデバッグ（debug）という単語は、プログラム内のエラーである「バグ（bug）」に対して、ラテン語の接頭辞である「de-」がつけられたものです。ここで「de-」は「取り除く」という意味を持つため、デバッグとは文字通り、「エラー（バグ）を取り除く」というプロセスを表しています。

　プログラミングにおいて、その時間の多くはデバッグに費やされます。皆さんも、作りたいプログラムがあるのに思った通りの動作にならず、パソコンの前でもんもんと作業が進まない時間を過ごす……という経験をしたことがあるかもしれません。**デバッグのスキルはプログラミングの効率に大きな影響を与えます**。デバッグがうまくできれば、プログラムの開発速度や品質が大幅に向上します。

　デバッグはプログラミング初心者の人にとっては、難しく退屈な作業に感じられるかもしれません。しかし、一度コツをつかむと、まるで宝探しや謎解きのような楽しさを感じることができます。さらに、エラーの原因を見つけ出すプロセスを反復することで、自然とプログラムの理解も深まります。ぜひ楽しみながらデバッグに挑戦してみてください。

バグって虫? なんで虫なの?

　「bug」は直訳すると「虫」です。なぜエラーが虫なのでしょうか。一説では、アメリカのコンピュータ技術者であるグレース・ホッパーがコンピュータシステムの不具合を修正していた際に、コンピュータの内部に1匹の蛾が入り込んでショートを引き起こし、システムを誤動作させたという話から、「バグ」という言葉が不具合や問題を指す言葉として広く使われるようになったといわれています。またそれ以前にも、トーマス・エジソンが電気技術の問題や不具合を「バグ」と称していたという話もあります。

デバッグの流れ

　デバッグの流れをざっくりと図にすると、次のようになります（図3-1）。

この部分を本章で解説

図3-1　デバッグの流れ

エラーが出ないときはどうすればいいんだろう?

大げさな表現ですが、デバッグは不具合の原因さえ特定できれば、もう終わったようなものです。これまでの章で学んだように、エラーを読むことで原因までたどり着ければよいのですが、そもそもエラーが出なかったり、エラーが出ていたとしても理解できなかったりする場合もあります。

　そんなときには、プログラムの状態を細かく確認する「プリントデバッグ」という手法や、効率的に問題を切り分ける「二分探索」という考え方を活用することで、不具合の原因に近づくことができます。第3〜4章では、このような不具合の原因を特定するための手法を解説していきます。

うわぁ、なんだか難しそうだぞ

大丈夫！　やってみたら簡単だよ

プリントデバッグをやってみよう

　まずは、デバッグの初歩的な手法である「**プリントデバッグ**」について
学びましょう。プリントデバッグは、初心者でも経験豊富なプログラマー
でもよく使う基本的なデバッグの手法です。プリントデバッグの「プリン
ト」は、文字通りプログラムが何かを出力する（print）という意味で、デ
バッグ中にプログラムの状態を表示するために使われます。

　それぞれのプログラミング言語には、変数を出力する特定の関数があり
ます。例えば、JavaScriptでは「console.log()」を使います。これらの出力
関数を使って、プログラム中の変数の中身を都度確認し、プログラムの状
態を解析しながら問題が発生している箇所を特定します。

　ではさっそく、JavaScriptを使ったプリントデバッグの例を見てみま
しょう。このコードにはバグはありませんが、プリントデバッグの一般的
な使い方を理解するための参考にしてください。

```
コード3-1

function calcSum(a, b) {
  console.log(`引数の値 : a = ${a} / b = ${b}`);   ❶引数の値を確認する
  const sum = a + b;
  console.log(`処理の結果 : sum = ${sum}`);   ❷処理の結果を確認する
  return sum;
}

const sum = calcSum(1, 2);
console.log(`関数の返り値 : ${sum}`);   ❸関数の返り値を確認する
```

このコードではcalcSum()という関数を作成し実行しています。calcSum()関数は、引数aとbを受け取って合計した値を返す、単純な足し算の処理です。この関数が正しく処理されているかを確認するためにconsole.log()を使って、引数の値や途中の処理の結果、関数自体の返り値を出力しています。

```
引数の値 ： a = 1 / b = 2
処理の結果 ： sum = 3
関数の返り値 ： 3
```

プログラムの動作を細かく出力して
確認しているんだね

このように、**特定の箇所の変数の値を出力しながら、プログラムが正常に動作しているかを確認する**のがプリントデバッグの基本的な考え方です。

「デバッグってこんなに地味な作業なの？」と思ったでしょうか。確かにプリントデバッグは単純で地味な方法ですが、経験豊富なプログラマーも頻繁に使う重要なテクニックです。プログラムの動作を逐一確認することで、予期せぬ問題やバグを早期に見つけられます。

また初心者の方は、プリントデバッグを手間がかかって効率の悪い作業のように感じるかもしれません。実際、エラーでつまずいたときに、プリントデバッグで手を動かすことなく、ただコードを眺めているだけの初心者の方をよく見かけます。

しかし、コードを眺めているだけではエラーは解決しません。プリントデバッグのように一見地道でも確実な手法を取ることで、問題を早期に見つけて修正することができます。結果的にはデバッグ作業全体の効率を向上させることにもつながるでしょう。

プリントデバッグで問題を解決する

　次に、プリントデバッグを使ってプログラムの問題を解決する方法を見てみましょう。先ほどのコードに少し追加をしてみます（コード3-2）。

　この新しいcalcSum()関数は、配列を引数として受け取り、その中のすべての要素を合計して返します。

コード3-2（不具合のあるコード）

```
function calcSum(array) {
 let sum = 0;
 for (let i = 0; i <= array.length; i++) {
   sum += array[i];
 }
 return sum;
}

const inputArray = [1, 2, 3, 4, 5];
const result = calcSum(inputArray);
```

　このcalcSum()関数を実行したとき、期待する返り値は「1＋2＋3＋4＋5」と計算して「15」のはずです。しかし、実際にこのコードを実行すると、返り値が「NaN（Not a Number）」となってしまいます。NaNは、数値ではないもので演算（加算や減算など）をしてしまったときに返される特別な値で、計算が正しく行われなかったことを示します。つまり、このコードにはどこかに問題が潜んでいるということです。

　それでは、このコードをどのようにデバッグすればよいか、考えてみましょう。

まずはプリントデバッグで変数の中身を確認してみよう！

まずははじめの例と同じように、各ステップで変数の中身を出力してプリントデバッグをします。それぞれの行にconsole.logを入れてみましょう。

```javascript
function calcSum(array) {
  console.log(`① array = ${array}`);          // ❶引数の配列を出力
  let sum = 0;
  for (let i = 0; i <= array.length; i++) {
    console.log(`② i = ${i} / array[i] = ${array[i]}`);   // ❷for 文の中で使う変数を出力
    sum += array[i];
  }
  console.log(`③ sum = ${sum}`);              // ❸合計した値を出力
  return sum;
}

const inputArray = [1, 2, 3, 4, 5];
const result = calcSum(inputArray);
console.log(`④ ${result}`);                   // ❹関数を実行した返り値を出力
```

このコードを実行すると以下の出力が得られます。

実行結果

```
① array = 1,2,3,4,5
② i = 0 / array[i] = 1
② i = 1 / array[i] = 2
② i = 2 / array[i] = 3
② i = 3 / array[i] = 4
② i = 4 / array[i] = 5
② i = 5 / array[i] = undefined          ← この部分が怪しい
③ sum = NaN
④ NaN
```

出力結果を見ると、何やらおかしなことが起こっているのがわかります。「②」が続く最後の行で、iが5のとき、array[i]がundefinedとなってしまっています。

　undefinedは数値ではなく未定義という値です。undefinedは数値ではないので足し算ができません。例えば1 + undefinedはNaNとなります。つまり、これによって返り値がNaNになってしまったのだとわかります。

　そして、出力結果をよく見ると、引数として渡している配列の要素数は1から5の全部で5つです。しかし、console.logでは②は6回出力されています。

　これは、forループの条件式が、iが0から始まり、かつi <= array.lengthとなっているため、0以上5以下の条件になり、1回余分にループが行われているからです。「配列の最初の要素は1番目ではなく0番目から始まる」というルールの罠にひっかかった問題ですね。最後の6回目のループでは配列の要素が存在しないため、undefinedが返されてしまいます。

　したがって、forループの条件式を「i < array.length」と未満の条件に修正をすれば、配列のすべての要素を正しく合計できるようになります。

　このようにプリントデバッグは、変数の中身や関数の結果、条件式を確認しながら不具合の原因を探っていきます。地味で面倒と感じるかもしれませんが、頭を悩ませて立ち止まってしまうより、**手を動かしながら情報を集めていくほうが、効率的に解決にたどり着ける**ことがあります。

プリントデバッグは、
データの流れを可視化できるんだ

経路をたどって原因の場所を特定する

　プリントデバッグは変数の中身を確認するだけではなく、実行しているプログラムが、どのコードをたどっているか経路を確認するためにも使わ

れます。これは、想定通りにプログラムが動かないとき、そもそも該当の処理が実行されているかを確認することで問題の特定に役立ちます。

　例えば、次のコードのように関数の実行時および終了時にプリントデバッグを仕込みます（コード3-3）。

```
function main() {
    console.log("main()を実行します");
    func1();
    console.log("main()を終了します");
}

function func1() {
    console.log("func1()を実行します");
    func2();
    console.log("func1()を終了します");
}

function func2() {
    console.log("func2()を実行します");
    // 何かの処理
    console.log("func2()を終了します");
}

main();
```

　こうすることでプログラムを実行した際に、どの順序で関数や処理が呼ばれているのかを可視化することができます。

　「こんなことをしなくてもわかる！」という気持ちはあるかもしれませんが、実際にデバッグの過程で袋小路にはまっているときほど、ちょっとした思い込みで不具合の原因にたどり着けないことがあります。無駄と感じたとしても、不明瞭な要素を確実になくしていき、全体の流れを確認することで、思わぬ場所に潜んだ不具合の原因に気づけます。

二分探索で効率的に探そう

　先ほどの例のように、小さなコードであればプリントデバッグだけですぐに不具合の原因を特定することができます。しかし、コードが大きかったり、複数のシステムが連携したりするような場合には、原因が潜む場所として考えられる範囲が広く、特定に時間がかかってしまいます。

　そんな場合には、闇雲にプリントデバッグをするのではなく、全体を見渡して原因となりそうな箇所を少しずつ絞り込んでいくと、効率的にデバッグができます。そこで、ここでは「**二分探索**」という考え方をデバッグに応用する手法を解説します。二分探索は、デバッグとは直接関係のないアルゴリズムの1つですが、不具合の原因を効率的に探すために役に立つ考え方です。まずは二分探索について簡単に解説します。

二分探索とは？

　二分探索（にぶんたんさく）とはバイナリサーチ（Binary Search）とも呼ばれ、指定の値がソート済みの配列のどこにあるかを、効率的に探索するアルゴリズムの1つです。

　まずは二分探索の仕組みについて、簡単な例を使って見ていきましょう。次の図のように数字が書かれた7枚のカードが裏向きに置いてあるとします（図3-2）。そして重要な条件として、このカードは、**書かれた数字が小さい順に並んでいる**ものとします。

この中にある「30」のカードを見つけるには
どのようにカードめくっていくのが効率的だろう？

図3-2　数字が書かれたカードが裏向きで「小さい順」に並んでいる

この7枚の中には「30」と数字の書かれたカードが含まれているのですが、そのカードを効率的に見つけ出すには、どのようにカードをめくっていけばよいでしょうか？

はじっこから順番にめくっていくのはダメなのかな？

ただ単にカードを探し出すのであれば、カードを左端から順番にめくっていくこともできます。しかし、それは効率がよくありません。なぜなら、最も運が悪い場合「30」のカードが右端にあり、すべてのカードをめくらなくてはならないからです。同様に、ランダムにカードをめくる方法も効率がよいとはいえません。

■ 効率よくカードを見つける方法

では、カードを効率よく見つける方法を見てみましょう。「カードが小さい順に並んでいる」という条件をうまく使うことがポイントです。まず、1枚目にめくるのは、すべてのカードの真ん中に位置するカードです。今回の例では左から4番目のカードです（図3-3）。

① ちょうど真ん中にあるカードをめくる

探している
カード

30

18

18より小さい数　　　　　18より大きい数

②「30」はこっちのグループにある！

図3-3　1枚目にめくるのは真ん中にあるカード

　真ん中のカードをめくったら「18」が書かれていたとします。すると真ん中のカードを境に、左側のカードはすべて「18より小さいカード」となり、右側は「18より大きいカード」となります。探しているカードは「30」ですから、右側のグループに存在することがわかるわけです。

　このように、端からカードをめくるのではなく、**ちょうど真ん中のカードを調べることで、候補を一気に半分にまで絞り込むことができる**のです。あとはこの処理を繰り返すことで、効率的に正解を見つけることができます（図3-4）。

③さらに残ったカードの真ん中をめくる

探している
カード

30

18

50

50より小さい　　　50より大きい

④「30」のカードはこっち！

図3-4　範囲を絞ってまた真ん中のカードをめくる

このように二分探索は、何かを探す際に探索範囲を半分に区切りながら、対象を探していく考え方です。すべての要素を確認する手間が省けるため、効率的に探している対象を見つけることができます。

 要は半分に切り分けるってことだね

プリントデバッグで二分探索

　それではこの二分探索の考え方を、デバッグに活用してみます。当然、コードは先ほどの例のように数の書かれたカードではありませんし、小さい順に並んでいるというわけでもありません。
　ただし、システムは基本的に「**INPUTから始まり、OUTPUTで出力**」されます（図3-5）。つまり実行順序が存在するのです。さまざまなコードが実行されていく順序を、先ほどのカードと同じように見立てることで、二分探索の考え方を応用できます。

図3-5　システムには処理の流れが存在する

　プリントデバッグを闇雲に仕込むよりも、**怪しいと感じるコード範囲の真ん中あたりに仕込むことで、その範囲を分割することができます**。もちろん、明らかに怪しいと感じる箇所があれば、はじめからそこにプリントデバッグを仕込んでもかまいません。

二分探索を用いたデバッグの具体例

　具体的な例として「チケット料金の計算を行う関数」を考えてみましょう。チケットの料金は、次のルールによって計算されるとします。

18歳未満は子供料金1,500円
18歳以上は大人料金2,000円
ただし、クーポンを使うと500円引き

　次のコードは、上記の計算ルールをコードで実装した例です。このコードには不具合が含まれています。

```
function ticketPrice(age, useCoupon) {
  let price;

  if (age < 18) {
      price = 1500;
  } else {
      price = 2000;
  }

  if (useCoupon = true) {
    price = price - 500;
  }

  return price;
}
```

　では、この関数の動作を確認してみます。年齢は18歳で、クーポンを使用しない場合の料金を計算してみましょう。次のように関数を呼び出した場合、結果の料金はいくらになるでしょうか。

```
ticketPrice(18, false);
```

　18歳だと大人料金で、クーポンは
使わないから2,000円かな？

しかし、実際に関数を実行してみると料金は1,500円になってしまいます。これは正しくありません。どこかで計算間違いをしていることになり、関数に問題があると考えられます。

```
1500
```

本来、大人料金の2,000円になるべき料金が1,500円になってしまうのは、「年齢が18歳以上かを判定する処理」と「クーポンを利用するかを判定する処理」のどちらにも要因がありそうです。このように思い当たる原因が複数に分散しているときに、二分探索の考え方が効果を発揮します。実際に問題の場所を特定するために、二分探索の考え方を応用して、プリントデバッグをしてみましょう。

この関数を約半分に分割し、デバッグを行うことを考えてみます。関数のロジックは、「年齢の分岐」と「クーポン利用の分岐」の2つに区分できます。二分探索なので、2つの処理の中間にデバッグ用のコードを挿入しましょう。

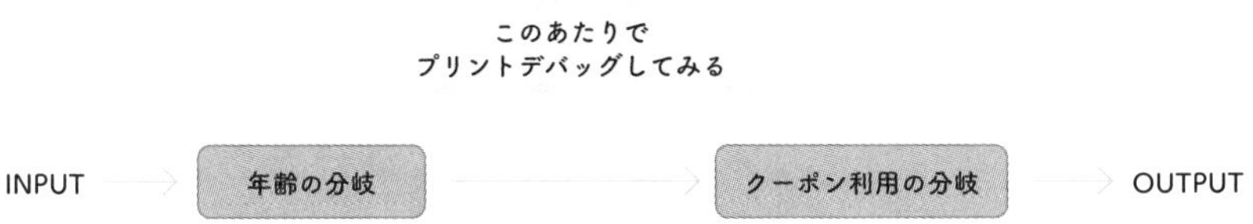

このあたりで
プリントデバッグしてみる

INPUT ——→ 年齢の分岐 ———————————→ クーポン利用の分岐 —→ OUTPUT

図3-6　デバッグに二分探索を応用する

コード3-4にプリントデバッグを仕込む

```
function ticketPrice(age, useCoupon) {
  let price;

  if (age < 18) {
      price = 1500;
  } else {
```

```
    price = 2000;
  }

  console.log(`途中結果 : ${price}`);

  if (useCoupon = true) {
    price = price - 500;
  }

  return price;
}
```

書き換えたticketPrice()関数を先ほどと同様に実行してみます。

```
ticketPrice(18, false);
```

すると、次のような実行結果になります。

途中結果 : 2000

　年齢の分岐のあとに追加したプリントデバッグのコードにより、price
変数の途中結果が表示されました。「2000」と出力されているため、この時
点では正しく年齢の分岐ができていることが確認できます。

図3-7　前半のコードは問題ないことが確認できた

二分探索により前半のコードには問題がないことがわかりました。つまり不具合の原因であるコードは後半の「クーポン利用の分岐」にありそうです。改めて、該当のコードをよく見てみると、クーポン利用するかどうかのif条件式が、本来は「==」と「=」を2つ並べた等価演算子とするべきところが、「=」が1つの代入演算子になってしまっています。

不具合の原因箇所

```
if (useCoupon = true) {
  price = price - 500;
}
```

useCoupon == true が正しい

　代入になってしまっているため、useCoupon変数がどんな値であろうと真となり、常に500円引きされるようなコードになってしまっていたのです。

　このように、コード自体も二分探索で半分に分割していくことで不具合を見つけやすくなります。このコード例は説明のわかりやすさを重視し、行数が少ないサンプルにしたため、二分探索を活用するほどではないかもしれません。しかし、この考え方を頭に入れておくとデバッグを効率的に進めたいときに、役に立つはずです。

エラーが示す箇所に問題がないときは？

　エラーは不具合の箇所を行数で具体的に教えてくれます。しかし、いざコードを直そうと該当の行を見ても何が問題なのかわからない……というケースはよくあります。そんなときにも、二分探索の応用をすれば原因を効率的に特定できます。
　例えば、次のコードをsyntax_error.htmlとして保存し、ブラウザで開くとコンソールにエラーが発生します。

コード 3-5

```
<script>
 for (let i = 1; i < 10; i++) {
   console.log("{i}は");
   if (i % 2 === 0) { console.log('2の倍数'); }
   if (i % 3 === 0) { console.log('3の倍数');
   if (i % 4 === 0) { console.log('4の倍数'); }
   if (i % 5 === 0) { console.log('5の倍数'); }
   if (i % 6 === 0) { console.log('6の倍数'); }
   if (i % 7 === 0) { console.log('7の倍数'); }
   if (i % 8 === 0) { console.log('8の倍数'); }
   if (i % 9 === 0) { console.log('9の倍数'); }
 }
</script>          13行目
```

コード 3-5 のエラー

```
Uncaught SyntaxError: Unexpected end of input ⤶
(at syntax_error.html:13:5)
```

エラーには「syntax_error.html:13:5」とエラーが発生しているファイル名と行数が示されています。今回の例では13行目の5文字目がエラーの箇所であることが読み取れます。

しかし該当する13行目は </script> と閉じタグであり、この行のコード自体には問題はなさそうです。いったいどこがエラーなのでしょうか?

 エラーを読んでも原因がわからない!

このように、エラーが出て、問題の箇所も具体的に示してくれているのに、実際はその箇所が原因ではないというケースがあります。こんなときにも、二分探索が有効です。

方法は簡単で、先ほどと同じように、コードをおおよそ半分の位置で分割し、片方をコメントアウトします。まずは前半部分をコメントアウトしてみましょう。

```
<script>
 for (let i = 1; i < 10; i++) {
   console.log("{i}は");
   // if (i % 2 === 0) { console.log('2の倍数'); }
   // if (i % 3 === 0) { console.log('3の倍数');
   // if (i % 4 === 0) { console.log('4の倍数'); }
   // if (i % 5 === 0) { console.log('5の倍数'); }
   if (i % 6 === 0) { console.log('6の倍数'); }
   if (i % 7 === 0) { console.log('7の倍数'); }
   if (i % 8 === 0) { console.log('8の倍数'); }
   if (i % 9 === 0) { console.log('9の倍数'); }
 }
</script>
```

　この状態でコードを実行すると、エラーメッセージは表示されず正常に実行できました。つまり、コメントアウトをした前半部分に問題が潜んでいる可能性があります。今度は逆に、後半部分をコメントアウトし、前半部分のコメントアウトを解除します。

```
<script>
 for (let i = 1; i < 10; i++) {
   console.log("{i}は");
   if (i % 2 === 0) { console.log('2の倍数'); }
   if (i % 3 === 0) { console.log('3の倍数');
   if (i % 4 === 0) { console.log('4の倍数'); }
   if (i % 5 === 0) { console.log('5の倍数'); }
   // if (i % 6 === 0) { console.log('6の倍数'); }
   // if (i % 7 === 0) { console.log('7の倍数'); }
   // if (i % 8 === 0) { console.log('8の倍数'); }
   // if (i % 9 === 0) { console.log('9の倍数'); }
```

```
  }
</script>
```

　コードを実行するとやはりエラーメッセージが表示されます。さらに
コードを分割してコメントアウトします。

```
<script>
  for (let i = 1; i < 10; i++) {
    console.log("{i}は");
    // if (i % 2 === 0) { console.log('2の倍数'); }
    // if (i % 3 === 0) { console.log('3の倍数');
    if (i % 4 === 0) { console.log('4の倍数'); }
    if (i % 5 === 0) { console.log('5の倍数'); }
    // if (i % 6 === 0) { console.log('6の倍数'); }
    // if (i % 7 === 0) { console.log('7の倍数'); }
    // if (i % 8 === 0) { console.log('8の倍数'); }
    // if (i % 9 === 0) { console.log('9の倍数'); }
  }
</script>
```

　正常に実行することができました。これで原因の箇所がだいぶ絞れまし
た。直前にコメントアウトした2行に問題がありそうです。コードをよく
見ると3の倍数を判定する5行目にif文の閉じる「}」がありません。つま
り真の原因は、13行目ではなく5行目にあったということになります。
　今回の例はすぐに視認できるような構文エラーでしたが、複雑なコード
になると見た目では判断できないことがあります。そんなときには、二分
探索でコードをコメントアウトしながら真の原因を見つける作業をすると
効率的です。

 デバッグにかかってた時間も短くなりそう！

なぜ違う箇所を示す？

ところで、先ほどのエラーではなぜ真の原因と異なる箇所の行数を示していたのでしょうか。例として、よりシンプルなコードで考えてみましょう。

```
for () {
  if () {  ←──── if文の閉じ忘れ
}
```

このコードを見て私たちは、if文を閉じ忘れていると解釈するでしょう。しかし、コンピュータは、これをif文の閉じ忘れではなくfor文の閉じ忘れと解釈します。コンピュータの視点でコードを整形すると次のようになります。

```
for () {
  if () { }
      ←──── for文の閉じ忘れ
```

つまり、コンピュータからすると、このコードのエラーは2行目ではなく3行目で起こっていることになります。このような理由により、if文やfor文などの範囲を示す構文ミスで起こるエラーでは、本来の原因とは異なる箇所を示してしまうのです。

もっと大きな単位で二分探索する

　システムは、単一のコードだけでなく、たくさんの要素が組み合わさって動いています。例えば、一般的な Web アプリケーションでは、ブラウザで動くフロントエンド（JavaScript や HTML/CSS）と、サーバーで動くバックエンド（PHP や Ruby、データベース、インフラ）が連携して動いています（図3-8）。

　このような広大なシステム要素の中から、不具合の原因を特定するのはとても困難です。

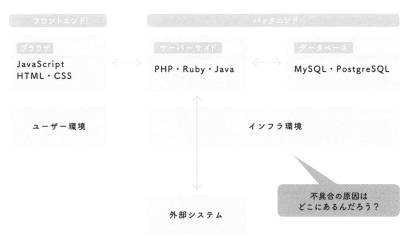

図3-8　システムはたくさんの要素が組み合わさって動いている

　そこで先ほどの二分探索を応用してみましょう。システム全体をどのように分割していくのか、疑問に思うかもしれません。システムを二等分する位置を決めるのは難しいため、**フロントエンドとバックエンド、サーバーとデータベースなど物理的な境界が明らかな単位で分割していく**のがおすすめです。

　今回の例では、まずフロントエンドとバックエンドの間で分割をしてみます（図3-9）。

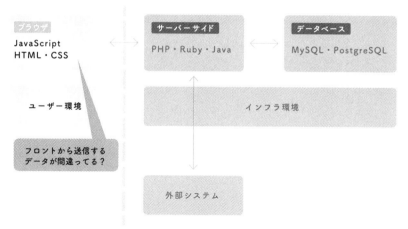

図3-9　システムを大きな単位で分割する

　まず、フロントエンド側から送信されるデータが正しいのかを確認します。送信されているデータが想定通りで正しかった場合は、フロントエンドには問題がないと判断できます（図3-10）。

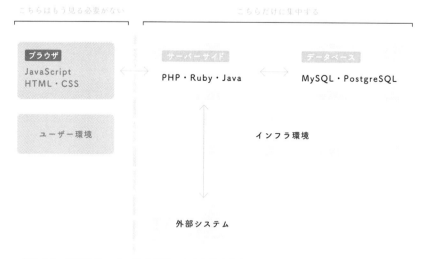

図3-10　原因はサーバーサイド側にあると考えられる

この時点で、探索すべき範囲をバックエンド側に絞ることができました。注目すべきはサーバーサイドやデータベース、あるいはインフラや外部システムです。これを繰り返し、大きな単位で問題のない箇所を切り分けしていきます（図3-11）。

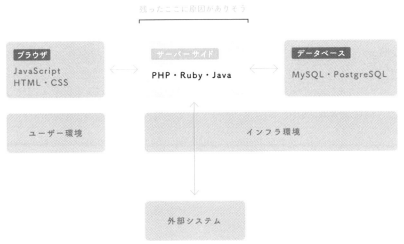

図3-11　システムの分割を繰り返しながら原因の箇所を絞り込んでいく

　このように、厳密に半分の位置で分割できるわけではありませんが、まずはフロントやサーバーサイド、データベースなど、分割しやすい大きな単位で問題の切り分けをしていくだけでもデバッグが楽になります。

問題の切り分けが大事だね

Gitを使った二分探索

　バージョン管理ツールGitには、二分探索で不具合の原因を探るbisect（バイセクト）コマンドという便利な機能があります。バージョン管理ツールは、書かれた数が小さい順に並んでいるカードと同じように、過去から現在まで時系列順に変更履歴が記録されています。

　bisectコマンドは履歴が時系列で並んでいる特性を生かして、過去のどの時点で不具合が発生したかを効率的に調査できます。二分探索の要領で、不具合がない時点とある時点の真ん中の履歴を取り出し、不具合が起きているかどうかを繰り返し確認しながら、不具合の発生した変更履歴を特定することができます。

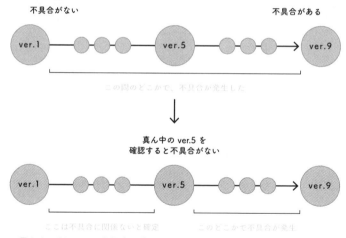

図3-A　Gitでの二分探索の応用

　bisect コマンド自体の使い方は本書では解説しませんが、簡単に使える機能なのでGitのリファレンスを見ながら、ぜひ試してみてください。

最小限のコードでデバッグしてみよう

不具合の原因を効率よく探すためには、二分探索の他に「**最小限のコードで不具合を再現させる**」という方法も活用できます。無作為なデバッグは広大な砂漠の中から一粒のダイヤモンドを探すような作業です。効率的にデバッグをするためには、まず不具合の原因と関係のなさそうな場所を排除して、見るべき範囲を狭めていくことが重要です（図3-12）。

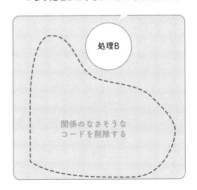

どこかに原因があるが、どこだろう？

残ったコードだけで不具合の再現が可能。つまり処理Bだけをデバッグすればよい

処理A　処理B　処理C　処理D　処理E　処理F

処理B

関係のなさそうなコードを削除する

図3-12　デバッグは見るべき範囲を狭めていく

例として、「SNSのプロフィール欄の編集フォームをダイアログで表示する」機能を考えてみます（図3-13）。ダイアログにはユーザー名やプロフィール画像などを変更する機能が用意されています。編集ボタンをクリックするとダイアログが表示される仕様です。

図3-13　プロフィール欄の編集フォームダイアログ

　ダイアログを表示する際、内部で行っている処理には次のようなものが考えられます。

　編集ボタンのクリックイベントでダイアログを表示する
　プロフィール画像やユーザー名を更新するフォームを表示する
　ユーザーの情報をデータベースから取得する

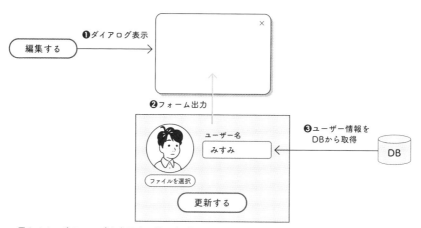

図3-14　ダイアログを表示する際の処理

しかし、実際に動作を確認すると、編集ボタンをクリックしてもダイアログが表示されません。どうやら不具合があるようです。では、この状態のときに、最小限のコードでデバッグする方法を試してみましょう。

　最小限のコードにしていくために、ダイアログの表示に直接関係のなさそうな処理を削除していきましょう。まずは、ユーザー情報をデータベースから取得する処理を削除してみます。フォームには代わりにダミーの情報を表示するようにします（図3-15）。

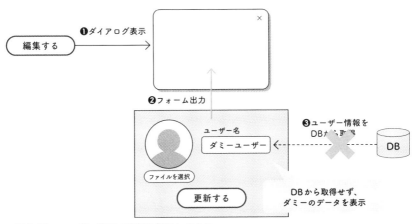

図3-15　ユーザー情報の取得を削除してみる

　もし、この時点でダイアログが正常に表示されれば、ユーザー情報をデータベースから取得する処理に問題があったと確定できます。まだ、ダイアログが表示されない不具合がある場合は、引き続き処理を削除して最小限のコードに近づけていきます。

　今度はフォームの出力自体を削除します。すると、中身が空っぽのダイアログを表示するだけの処理が残ります。

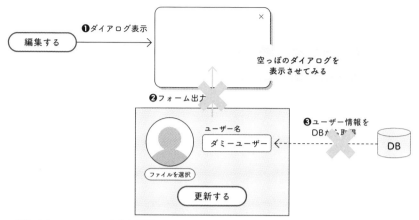

図3-16　フォームの出力を削除してみる

　この状態で動作確認をすると正常にダイアログが表示できました。つまり、問題はフォームを出力する処理にあったということになります。

　これが「最小限のコードで不具合を再現させる」というデバッグ手法です。コードをどんどん削除して最小限の状態に近づけていく過程で、問題のある処理を見つけられます。

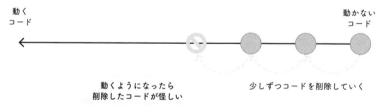

図3-17　コードを動く状態に近づけていく

　逆に、最小限の仕様でゼロからコードを作り、少しずつ肉付けをしながら問題を再現させるアプローチもあります。すでに大量のコードがある場合は、何が影響を与えているか、問題の切り分けが難しくなります。そのような場合は、ゼロからサンプルアプリケーションを必要最低限の実装で作っていくことで、問題の原因を見つけられます。

動く
コード

動かない
コード

少しずつコードを足していく

動かなくなったらここで
追加したコードが怪しい

図3-18　コードを動かない状態に近づけていく

　どちらの方法がよいかは状況によって変わってくるため、取り組みやすいほうを試すとよいでしょう。**重要なのは、コードを物理的に削除し、怪しい箇所をどんどん減らしていくことです。**

最小限のコードは助けやすい

　最小限のコードで不具合を再現していく手法のメリットは、自分自身のデバッグを効率的にすることだけではありません。

　デバッグ作業では時に、チームやコミュニティのメンバーなど自分以外の誰かに相談が必要な場面もあります。相談する際に、大量のコードを渡して「このコードが意図通りに動かないんだけど……」と伝えたとしても、すべてのコードを読み解くのは困難です。

　不具合を再現した必要最小限のコードは、自分以外の第三者も確認しやすいため、相談もスムーズにでき、結果的に自分のデバッグ作業を助けることになります。

**先輩に質問するときは、
最小限のコードにします！**

助かるよ〜

寝るとバグが直る?

　寝るとバグが直る……そんなわけあるかと思いますよね。確かに、実際にはそんなことはありません。しかし、問題に行き詰まったときに、根を詰めてあれこれ考えるよりも、しっかりと睡眠を取ることで頭の中が整理され、目が覚めたときにハッと原因に思い当たることがあります。

　睡眠は質の高い仕事をする上でも重要です。もし行き詰まったときには思い切ってベッドに飛び込んでみてください。もしかしたら、それまで思いつかなかった新しいひらめきが生まれるかもしれません。

デバッグをすばやく進めるための考え方

デバッグの基本的な考え方として重要なのは「事前に仮説を立て、それを検証する」という流れを意識することです。デバッグが早い人と遅い人の行動を観察すると、次のような違いが見えてきます。

事前に仮説を立てる

デバッグが早い人の特徴として、問題のある箇所を特定して仮説を立てる能力があることが挙げられます。

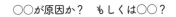

〇〇が原因か？　もしくは〇〇？

よくわからないけど、
とりあえずいじってみよう…

図3-19　デバッグが早い人は事前に仮説を立てる

プログラミングを通してさまざまな不具合のパターンを経験することで、実際に不具合に遭遇した際、過去の経験に基づいて原因を予測し、仮説を立てられるようになります。また、特定のシステムに長期間携わっていると、システム全体の理解度が深まり、質の高い仮説を立てることができるようになります。

　では、仮説を立てられるのは経験豊富な人だけなのかというと、必ずしもそうではありません。確かに、質の高い仮説は経験年数が長い人のほうが立てやすいのは事実です。しかし、仮説そのものはプログラミング初学者であっても立てられます。「具体的にはわからないけど、ここかもしれない……」といった曖昧なレベルでも問題ありません。

　仮説を立てるためのテクニックとして以下のステップを意識するとよいでしょう。

　　思いつくままに原因と思えそうなことを箇条書きにする
　　箇条書きの中身をなるべく具体的かつシンプルにする
　　その過程で重複するものは削除、複数の要因があれば分割する
　　最後に重要そうな順序に並び替える

　こうすることで、優先度がついた仮説一覧を作ることができます。

■ 仮説一覧の例
　引数の値が想定と異なる可能性
　変数が途中で意図せず書き換わっている可能性
　関数の実行順序が間違っている可能性
　利用しているライブラリの使い方が間違っている可能性

一度に1つのことだけを検証する

　仮説を立てたあとの検証方法にも、デバッグの早い人と遅い人では違いがあります。

　デバッグが早い人は、一度に1つのことだけを検証します。つまり同時に複数の仮説を検証するケースは少なく、**最初に立てた仮説が正しいのかどうかを検証することだけに集中します**。それにより、変更するコードも最小限に抑えられます。

　一方、プログラミング初学者は、問題に直面したときに慌ててしまい、思いつくままにさまざまなことを検証してしまいます。その結果、さまざまな箇所のコードを変更することになり、その変更がシステム全体に影響を及ぼし、問題をより複雑にしてしまいます。変更する箇所はなるべく小さくまとめるのがコツです。

　無計画に手を動かすのではなく、特定の仮説を検証することだけに集中するのが、デバッグをすばやく進めるためには重要です。

あれも怪しい、これも怪しい。
あ、ここもいじろう

図3-20　デバッグが早い人は一度に1つのことだけを検証する

小さな疑問に耳を傾ける

　デバッグ初心者の人に多く見られるのが「1つの仮説にずっと固執してしまう」ことです。同じような箇所をいろいろな方法で確認しつづけながら、ああでもないこうでもないと頭を悩ませてしまうのです。それ以外の部分には原因がないと思い込んでいる状態です。

　デバッグが早い人は1つの考えに固執しません。不具合とは直接関係のないコードを見たときも、ほんの少しでも疑問に感じる部分があれば、原因の可能性が低くても手を動かして確認をします。

　一見、無駄な作業のように思うかもしれません。しかし、こういった問題の切り分けを積み重ねて、原因ではない部分を1つずつ着実に確認していくことが、効率的なデバッグにつながります。

これ変だな？　念のため確認しよう

これは原因じゃない！
ぜったいにここが原因のはず！

図3-21　デバッグが早い人は小さな疑問に耳を傾ける

手間を惜しまない

　プログラミング初心者の人から、不具合に遭遇して困っていると相談されたときのことです。不具合の状況を聞いた上で「○○は試しましたか？」と尋ねると、「いえ、面倒なので試していません。たぶん原因ではないと思いますし」と回答が返ってきました。気持ちはわかりますが、このような曖昧な判断はデバッグにおいては禁物です。

　デバッグが早い人は、一見無駄のない効率的な作業をしていると思うかもしれません。しかし、実際はそうではないケースが多くあります。デバッグが早い人ほど、手間を惜しまずに手を動かしています。問題の切り分けのために、いかに地道な作業を積み重ねられるかが、デバッグの効率を左右します。

無駄かもしれないけど試そう

試すの大変だからやめておこう

図 3-22　デバッグが早い人は手間を惜しまない

テディベア効果

　テディベア効果とは、何かに行き詰まったときに人形に話しかけるように、自分自身や他者と会話をすることで、それまでにないアイデアを思いついたり、見落としていたことに気づけたりする現象のことです。デバッグの世界でも似た言葉で、ラバーダック・デバッグと呼ばれるものがあります。これはアヒルのおもちゃにコードを1行ずつ説明しながらデバッグする手法です。

　デバッグは、たった一人で暗闇の中、手探りでパズルを組み立てるような作業です。テディベアやアヒルのおもちゃに話しかけるのは極端としても、行き詰まったときは一人でもんもんと頭を悩ませるより、誰かに相談をしてみるのがよいでしょう。

　相談するときのコツは、ラフに相談することです。台本を考えるかのように相談内容を細かく決めておくのではなく、気負わずリラックスして、その場で困っていることを言語化したほうが効果的です。もしかしたら、その過程でハッと解決策の糸口が見つかったりするかもしれません。

ツールを
活用して
デバッグを
楽にしよう

開発現場で、**デバッガ**というツールの名前を聞いたことはあるでしょうか？　第4章では、デバッガを使ったデバッグ手法について解説します。デバッガは使い方が難しそうに見えるためか、避けて通る人も多いですが、実際のところ、機能自体はシンプルなため、用語の理解と慣れがあれば使いこなすのはさほど難しくありません。

　デバッガを使いこなせれば、3章で学んだ**プリントデバッグと同様のことを、より効率的に行える**ようになります。デバッグにかける時間を短くすることは、プログラミングの生産性を大きく高めます。ぜひ気負わずにチャレンジしてみてください。

　また、プログラミング言語やエディタによって、デバッガの具体的なツールは異なりますが、基本的な使い方は同じです。一度使い方を身につければ、さまざまな場面で役立つでしょう。

デバッガは強力なツール

　デバッガとは、デバッグを支援するツールのことです。名前を聞いたことはあっても使ったことがない方も多いかもしれません。そんな方々に向けて、第4章ではデバッガの使い方を解説します。

　デバッガとは具体的にどんなことができるツールなのでしょうか。**デバッガは、プログラムの実行中に、特定の箇所で処理を中断することができます**。中断したプログラムは待機状態になり、その時点での変数の値を確認したり、新しいコードを書いて実行したりすることが可能になります。さらに「ステップ実行」という、コードを1行ずつ実行しながら結果を確認する機能も備わっています。

　このように、**デバッガは第3章で解説したプリントデバッグをより効率的に行える強力なツール**です。プリントデバッグでは、変数の値を出力するために手動でコードを挿入し、出力漏れがあった場合は何度も手間をかけて修正しなければなりません。それに対してデバッガを使う場合は、一度プログラムを中断しさえすれば、デバッグ作業を柔軟かつ効率的に行えます（図4-1）。

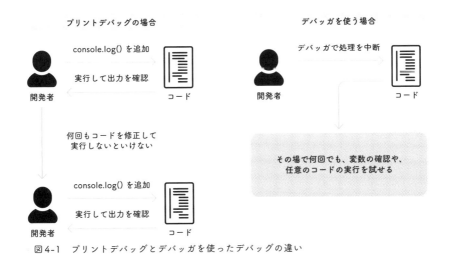

プリントデバッグの場合

console.log() を追加

実行して出力を確認

開発者　　　　　　　　　コード

何回もコードを修正して
実行しないといけない

console.log() を追加

実行して出力を確認

開発者　　　　　　　　　コード

デバッガを使う場合

デバッガで処理を中断

開発者　　　　　　　　　コード

その場で何回でも、変数の確認や、
任意のコードの実行を試せる

図4-1　プリントデバッグとデバッガを使ったデバッグの違い

　なお、使用するプログラミング言語やフレームワークによって、デバッガとして利用する具体的なツールは異なります。例えば、Webアプリケーションの JavaScript ではブラウザに内蔵された「デベロッパーツール」、PHP では「Xdebug」、Ruby では「debug.gem」がそれぞれ代表的なツールです。これらの使い方は多岐にわたり、コンソールから実行するものや、エディタに組み込まれたものなどが存在します。今回は JavaScript を例にブラウザ（Google Chrome）のデベロッパーツールを使った解説をします。

　デバッガを使いこなすことは、コードの問題点を見つけ、修正するための重要なスキルです。最初の導入や設定は難しく感じるかもしれませんが、それを乗り越えることで、効率的かつ確実にデバッグを行えるようになります。これから、その使い方を一緒に学んでいきましょう。

デバッガ……
なんだかかっこよくてわくわくします！

ブレークポイントを使ってみよう

　まずはデバッガにおいて最も重要な、ブレークポイントと呼ばれる機能
について押さえておきましょう。

ブレークポイントとは？

　「**ブレークポイント（Break Point）**」は、デバッグ作業で非常に役立つ機
能の1つです。ブレークポイントは、**実行中のプログラムを任意の箇所で、一
時停止させる**機能を持っています。プログラムの処理が、あらかじめ設定
したブレークポイントに到達すると、その後の処理が一時的に止まります。

処理の流れ

ブレークポイントを設定した
位置で処理が停止する

後続の処理は待機状態になる

図4-2　ブレークポイントでプログラムを一時停止する

　この一時停止した状態では、**プログラムの状態を観察**できます。具体的
には、変数の中身の確認や、任意のコードの実行が可能になります。これ
により、バグの原因を特定したり、プログラムの動作が想定したものに
なっているか確認したりすることができます。

規模の小さなプログラムであれば、プリントデバッグで逐一変数の中身を確認することも効果的ですが、プログラムの規模が大きくなると、その効率は低下します。ブレークポイントを活用することで、その場でさまざまな検証を行い、プリントデバッグを繰り返す手間を短縮できます。

 プログラムの処理を一時停止できるなんて
本当かなぁ?

ブレークポイントの設定方法

　それでは実際にブレークポイントの設定を体験してみましょう。まずはブレークポイントの動きを理解するために簡単な例を試してみます。次のHTMLファイルをGoogle Chromeで開きます（コード4-1）。

　このHTMLにはconsole.log()というログを出力する関数を使って、「1」「2」「3」と数を表示するJavaScriptのコードを設置しています。

コード4-1

```
<!DOCTYPE html>
<html lang="ja">
 <head>
   <meta charset="UTF-8" />
 </head>
 <body>
   <h1>サンプル</h1>
   <script>
     console.log(1);
     console.log(2);
     console.log(3);
   </script>
 </body>
</html>
```

まずは、このJavaScriptのコードをシンプルに実行してみましょう。Google ChromeでHTMLファイルを開いたら、画面右上にある3つの点のマーク「︙」から「その他のツール」→「デベロッパーツール」を選択して、デベロッパーツールを起動します（図4-3）※4-1。

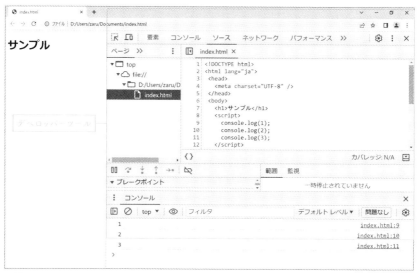

図4-3　デベロッパーツールを起動する

　デベロッパーツールの「コンソール」タブを見ると、console.log() で出力した「1」「2」「3」が表示されているのを確認できます（図4-4）。

図4-4　console.log()の出力結果が表示されている

※4-1　ショートカットキーを使うこともできます。Windowsでは「Ctrl」+「Shift」+「I」、Macでは「Command」+「Option」+「I」を押します。

もし「コンソール」タブが
見つからない場合は、その
他のメニュー（「：」マーク
のアイコン）から「コンソー
ルドロワーを表示」を選択す
ると表示することができま
す（図4-5）。

図4-5　「コンソール」タブを表示させる

■ デベロッパーツールからブレークポイントを設定する

それではさっそくブレークポイントを設定してみましょう。ブレークポ
イントは「ソース」タブから設定することができます。「ソース」タブから
該当ファイルを選択すると、右側にソースコードが表示されます（図4-6）。

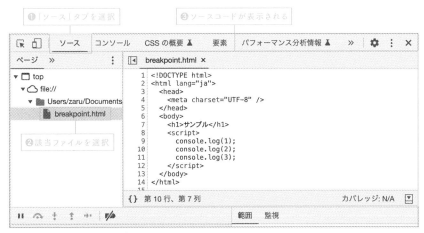

図4-6　ソースコードを表示させる

ブレークポイントの設定は簡単で、ソースコードの行数の部分をクリックすると青いマーカーが設定されます。これがブレークポイントです。この青いマーカーの部分で処理が中断されます。今回は「console.log(2);」を実行する部分にブレークポイントを設定しましょう（図4-7）。

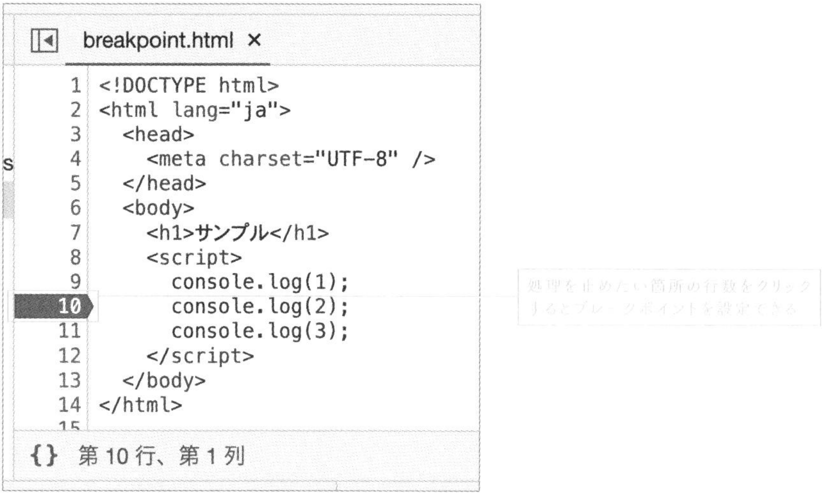

```
    breakpoint.html ×
1   <!DOCTYPE html>
2   <html lang="ja">
3     <head>
4       <meta charset="UTF-8" />
5     </head>
6     <body>
7       <h1>サンプル</h1>
8       <script>
9         console.log(1);
10        console.log(2);
11        console.log(3);
12      </script>
13    </body>
14  </html>
15
{}  第10行、第1列
```

図4-7　ブレークポイントを設定する

　ブレークポイントを設定した状態で、ブラウザを再読み込みしてみましょう。すると、ブレークポイントが機能し、設定した箇所で処理が中断されます。ブレークポイントが機能している間は、ブラウザ画面の表示もブレークポイント専用のものになります（図4-8）。

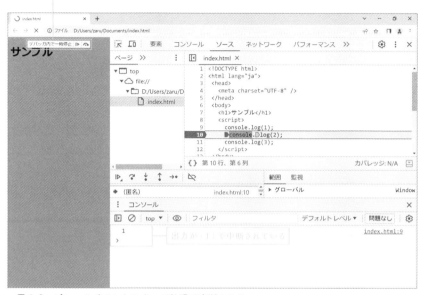

図4-8 ブレークポイントによって処理が中断される

処理が…止まってるっ!

　コンソールタブを見てみると、出力が1だけになっています。つまりブレークポイントを設定したconsole.log(2);は実行されず、処理が中断されているのがわかります。処理を再開させたい場合は、青い矢印アイコンをクリックすると停止した箇所から処理が再開されます（図4-9）。

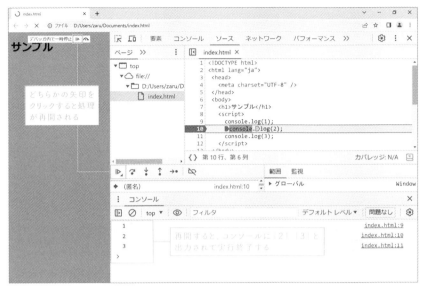

図4-9　処理を再開する

　このように処理を止めたいコードの行数をクリックし、プログラムを実
行するだけでブレークポイントを使うことができます。なお、設定したブ
レークポイントを解除したい場合は、青いマーカーを再度クリックすると
解除することができます。

ブレークポイントを使ってデバッグしてみよう！

　ここからは、ただ処理を止めるだけではなく、実際のデバッグを想定し
た使い方を見ていきましょう。次のHTMLファイルを作成し、Google
Chromeで開きます（コード4-2）。

コード4-2

```
<!DOCTYPE html>
<html lang="ja">
  <head>
```

```
    <meta charset="UTF-8" />
  </head>
  <body>
    <input type="text" name="num1" size="4" />
    +
    <input type="text" name="num2" size="4" />
    =
    <span class="result"></span>
    <button type="button">計算する</button>
    <script>
      const num1 = document.querySelector("[name=num1]");
      const num2 = document.querySelector("[name=num2]");
      const result = document.querySelector(".result");
      const calcButton = document.querySelector("button");
      calcButton.addEventListener("click", () => {
        const sumNum = sum(num1.value, num2.value);
        result.textContent = sumNum;
      });
      function sum(a, b) {
        return a + b;
      }
    </script>
  </body>
</html>
```

　このHTMLファイルをブラウザで開くと、次のように2つの入力欄と「計算する」のボタンが表示されます（図4-10）。数値を2つ入力すると、その和を表示する簡易なアプリケーションになっています。

図4-10　サンプルのアプリケーション

では、実際に数値を入力して計算してみましょう。「1」と「2」を入力して「計算する」ボタンを押してみます（図4-11）。

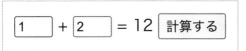

図4-11　1＋2を計算してみると……

　すると「3」と表示されるはずが、「12」と表示されてしまいました。つまり、このアプリケーションのプログラムには不具合があるということです。
　それではブレークポイントを使って、不具合の原因を探ってみましょう。まず、Google Chromeのデベロッパーツールを起動します。デベロッパーツールを起動したら、「ソース」タブを開きます。そこには先ほど作成したHTMLファイルのソースコードが表示されています（図4-12）。

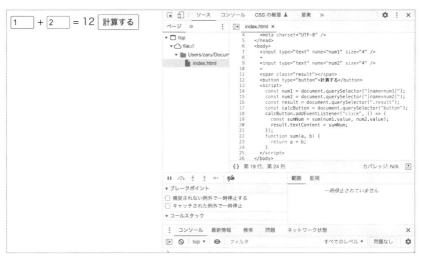

図4-12　サンプルアプリケーションのソースコードを表示する

　先ほどの例と同じように、ブレークポイントを設定するにはコードの行数をクリックします。今回は、ボタンをクリックしたときの処理を確認し

たいので、クリックイベントの関数がある19行目で一時停止してみましょう（図4-13）。

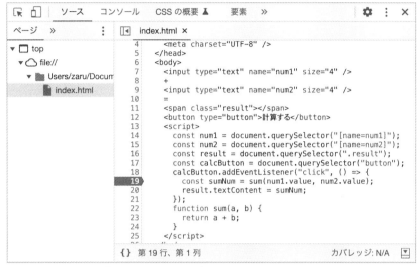

図4-13　19行目にブレークポイントを設定する

　この状態で再度、アプリケーションの入力欄に数値を入力して計算ボタンを押します（図4-14）。

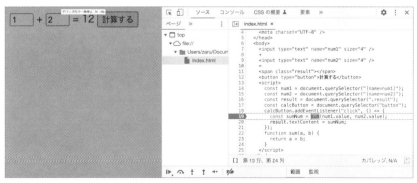

図4-14　もう一度1＋2を計算してみる

ブレークポイントが機能し、処理が中断されました。現在はブレークポイントを設定した行「const sumNum = sum(num1.value, num2.value);」はまだ実行されていない状態です。

　デベロッパーツールの「範囲」というタブで変数の状態を確認できます。そこでは「sumNum」変数はundefined、つまり未定義状態となっており、sum()関数がまだ実行されていないことが確認できます（図4-15）。

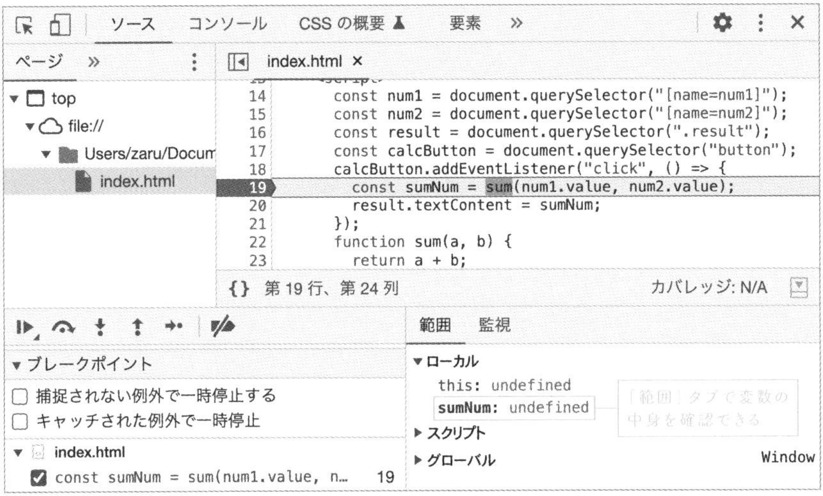

図4-15　「範囲」タブで変数の中身を確認する

　それでは、次にsum()関数に渡している値num1.valueとnum2.valueの中身を確認してみます。これらはここではローカル変数ではないので「範囲」パネルには表示されていませんが、「ソース」タブのコード上でカーソルを合わせると、変数の中身がポップアップで表示されます（図4-16）。

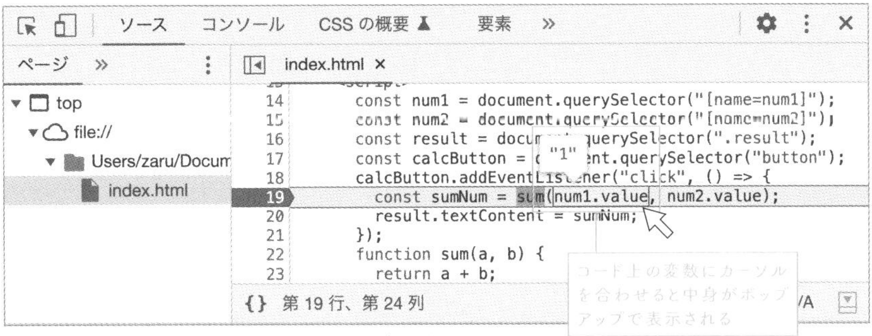

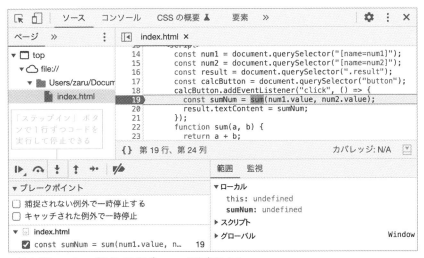

```
14      const num1 = document.querySelector("[name=num1]");
15      const num2 = document.querySelector("[name=num2]");
16      const result = document.querySelector(".result");
17      const calcButton = document.querySelector("button");
18      calcButton.addEventListener("click", () => {
19        const sumNum = sum(num1.value, num2.value);
20        result.textContent = sumNum;
21      });
22      function sum(a, b) {
23        return a + b;
```

図4-16　変数にカーソルを合わせて中身を確認する

　num2.value も同じように確認します。どうやら入力した通りの「1」と
「2」が格納されているようです。入力したデータは正常に受け取られ、引
数に渡されていることが確認できました。ということはsum()関数が怪し
そうです。続けて処理を確認するために、ここからは**ステップ実行**と
いう機能を使います。

　ステップ実行とは、**中断している箇所から処理を少しずつ再開する機能**
です。デベロッパーツールの「ステップイン」ボタンを押すと、すべての
コードを1行ずつ実行することができます（図4-17）。

図4-17　ステップ実行で1行ずつコードを実行する

今回はステップ実行をすると、処理がsum()関数へ移動したあと、再び中断されます（図4-18）。このようにステップ実行を使うと、コードを少しずつ実行／中断しながら動作を確認していくことができます。

　sum()関数では、引数aとbの値がハイライトされています。中身を確認すると、先ほどと同じように引数の「1」と「2」が渡されています。値の足し算をしている箇所（a＋b）も、シンプルに加算演算子を使っているだけなので問題はなさそうです。

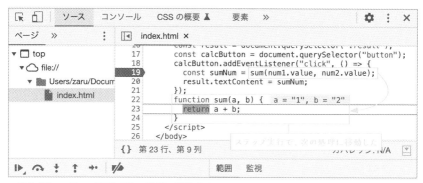

図4-18　ステップ実行で次の処理へ移動する

　そこで**処理を中断した状態で任意のコードを実行する**という、ブレークポイントの機能を試してみましょう。この機能を使うと、手元のコードをいちいち修正／実行して、動作を確認するサイクルを繰り返す手間を省略でき、デバッグにかかる時間を大幅に短縮できます。今回のように、見た目上は問題がなさそうでも結果が想定外になる場合は、コードを読むだけではなく実際に動かしてみることが大事です。

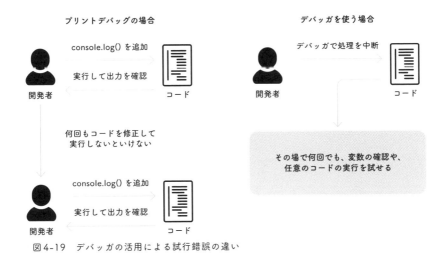

プリントデバッグの場合　　　　　　　　　デバッガを使う場合

console.log() を追加　　　　　　　　　デバッガで処理を中断

実行して出力を確認

開発者　　　　　　　　コード　　　　　　開発者　　　　　　　コード

何回もコードを修正して
実行しないといけない

その場で何回でも、変数の確認や、
任意のコードの実行を試せる

console.log() を追加

実行して出力を確認

開発者　　　　　　　　コード

図4-19　デバッガの活用による試行錯誤の違い

　念のため、足し算の処理が正常に実行されているかを確認するために、コンソールタブから該当のコードを実行します。ブレークポイントで処理を中断している間は、プログラムを止めている状態なので、コンソールタブでaやbなどの変数にもアクセスすることができます。

　それでは変数a、bの中身を確認し、さらにそれぞれの値を足した結果を見てみましょう。

コンソール　　最新情報　　検索　　ネットワーク状態

top ▼　　フィルタ　　　　　デフォルト

```
> a
< '1'
> b
< '2'
> a + b
< '12'
> |
```

|a| と入力して |Enter| キーを押すことで、
変数aの中身を確認できる

a + bは |3| になってほしいが
|12| となってしまう

図4-20　コンソールタブでその時点の変数の中身を確認する

おや、「3」になるはずが「12」になってしまっています。つまり、この足し算をする箇所に不具合の原因があることが特定できました。では加算演算子（+）が壊れてしまっているのでしょうか。念のために「1 + 2」と直接コードを入力して実行してみましょう。

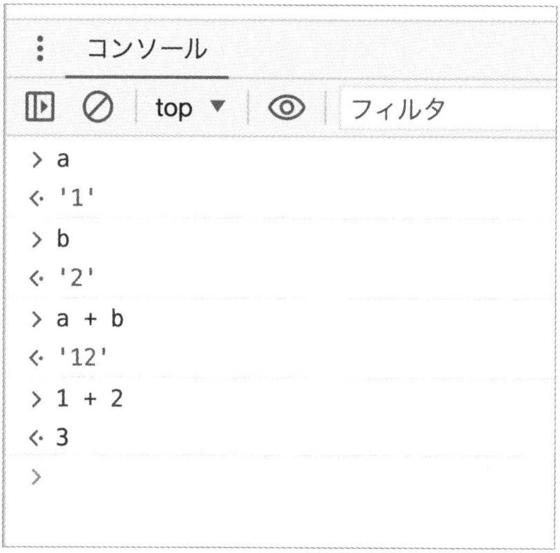

```
⋮  コンソール

▶  ⊘  top ▼  👁  フィルタ

> a
< '1'
> b
< '2'
> a + b
< '12'
> 1 + 2
< 3
>
```

図4-21　コンソールタブで演算子の動作を確認する

　すると意図通り「3」が出力されます。加算演算子には問題がないことが確認できました。改めてaとbの変数を確認してみます。

　すると、初歩的なミスではありますが、aとbに入っているのは数値ではなく、文字列の「1」と「2」であることに気がつきます（デベロッパーツールでは文字列はクォート（'～'）で囲まれ、数値は囲まれません）。

　JavaScriptでは、文字列を加算演算子でつなげると、文字列を結合するため「12」という出力になってしまっているのです。正しく数値で足し算をするためには、文字列の数字を数値に変換する必要があります。

　次のようにparseInt()関数を使って文字列を数値に変換する処理を加えます（コード4-3）。すると、意図した通りに数値同士の足し算の結果が得られるようになります。

```
<script>
  const num1 = document.querySelector("[name=num1]");
  const num2 = document.querySelector("[name=num2]");
  const result = document.querySelector(".result");
  const calcButton = document.querySelector("button");
  calcButton.addEventListener("click", () => {
    // 数値に変換する処理を追加
    const num1Value = parseInt(num1.value);
    const num2Value = parseInt(num2.value);
    sumNum = sum(num1Value, num2Value);
    result.textContent = sumNum;
  });
  function sum(a, b) {
    return a + b;
  }
</script>
```

修正

　このようにブレークポイントを活用すると、変数の状態の確認や、1行ずつのコードの実行、さらにコンソール上で任意のコードの実行などが柔軟にできるため、デバッグが非常にやりやすくなります。

少しずつデバッガの操作に慣れていこう！

ブレークポイントをコード上で設定する

　先ほどの例では、ブレークポイントの設定はデベロッパー
ツール上で行いました。この方法でも問題ないのですが、もっと楽
に設定する方法があります。それはソースコード上で「debugger;」
文を挿入する方法です。処理を止めたい箇所に「debugger;」と
いうコードを入れて実行すると、該当箇所でブレークポイント
が自動で起動します。

```html
<!DOCTYPE html>
<html lang="ja">
  <head>
    <meta charset="UTF-8" />
  </head>
  <body>
    <h1>サンプル</h1>
    <script>
      console.log(1);
      console.log(2);
      debugger;        ●━━━━ ブレークポイントを設定！
      console.log(3);
    </script>
  </body>
</html>
```

　手元にソースコードがある場合は、コード上でブレークポイ
ントを設定するほうが手軽で便利です。JavaScript以外の言語で
も、同じようにコードでブレークポイントを設定できるものが
あります。

JavaScript：debugger;
Ruby：binding.irb
Python：import pdb; pdb.set_trace()

　ただし、ソースコードに直接ブレークポイントを設定する場合、注意点があります。デバッグ完了時には必ず debugger; や import pdb; pdb.set_trace() のようなブレークポイントの記述を削除することです。削除を忘れたままデプロイしてしまうと本番環境でコード実行が停止してしまい、別の不具合につながってしまいます。

いろいろなステップ実行

ステップ実行は主に3つの種
類があります。Google Chrome
のデベロッパーツールで次に示
すボタンがそれぞれに対応して
います（図4-22）。

図4-22　ステップ実行の操作を行うボタン

ステップイン（Step In）

ステップインは、最もシンプルなステップ実行です。現在の行を実行
し、1行進めます。関数があれば関数の中に入ります。つまりこれから実
行するすべてのコードを1行ずつ実行していきます。慎重に進めたいとき
に使いますが、すべての処理をステップ実行すると時間がかかってしまう

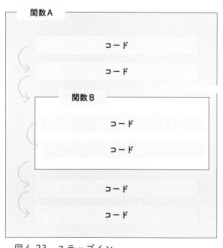

すべてのコードを1行ずつ
実行／中断する

図4-23　ステップイン

ため、注意が必要です。

　次のコードを例に見ていきましょう。ブレークポイントを設定した行で処理が止まったあと、ステップインをすると、add()関数の中に入ります。add()関数の処理が終わると、次はmultiply()関数の中に入って1行ずつ処理を実行していきます。

```
ステップインの流れ

function add(a, b) {
    const sum = a + b;          1番目の実行
    return sum;                 2番目の実行
}
function multiply(a, b) {
    const product = a * b;      3番目の実行
    return product;             4番目の実行
}
function calculate() {
    const x = add(5, 3);        ブレークポイントを設定
    const y = multiply(2, 4);
    console.log(x, y);          5番目の実行
}
calculate();
```

ステップオーバー（Step Over）

　ステップオーバーは、現在の行のコードを実行し、次の行に進みます。関数呼び出しがあった場合、関数の中には入らずに、関数呼び出しを実行して次の行に進みます。ステップオーバーは、コードの全体像を把握しながら、ステップバイステップで実行を進めるのに役立ちます。

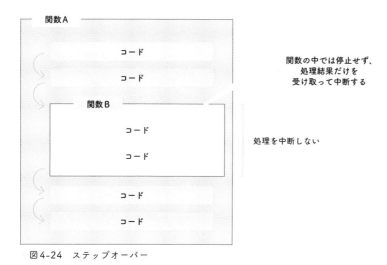

関数A

コード

コード

関数B

コード

コード

コード

コード

関数の中では停止せず、
処理結果だけを
受け取って中断する

処理を中断しない

図4-24　ステップオーバー

　次のコードではadd()関数を実行した際には、関数内部には入らず、その結果だけを受け取り、次のmultiply()関数を実行します。そしてmultiply()関数でも同様に、関数内部には入らず結果だけを受け取ります。このように関数の中身を確認する必要がない場合に、ステップオーバーは有効です。

ステップオーバーの流れ

```javascript
function add(a, b) {
    const sum = a + b;
    return sum;
}
function multiply(a, b) {
    const product = a * b;
    return product;
}
function calculate() {
    const x = add(5, 3);          ブレークポイントを設定
    const y = multiply(2, 4);     1番目の実行
    console.log(x, y);            2番目の実行
}
calculate();
```

ステップアウト（Step Out）

ステップアウトは、現在の関数から出ることを意味します。つまり、現在の関数の実行を完了し、戻り値を返したあとに、呼び出し元に戻ります。ステップアウトは、関数内でデバッグを行っているときに、関数から出て呼び出し元に戻るのに役立ちます。

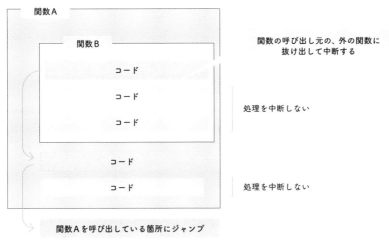

図4-25　ステップアウト

　次のように関数の内部でステップ実行の必要がなくなった場合、ステップアウトをすると、関数の外側に抜け出すことができます。ステップインとステップアウトを併用することで、効率的にデバッグをすることができます。

```
function add(a, b) {
    const sum = a + b;          ステップアウトを実行
    return sum;                 ここがスキップされる
}
function multiply(a, b) {
    const product = a * b;
    return product;
}
function calculate() {
    const x = add(5, 3);        ブレークポイントを設定
    const y = multiply(2, 4);
    console.log(x, y);
}
calculate();
```

各種ステップ実行の使いどころ

　実際のデバッグでは、それぞれのステップ実行を次のような観点で使い分けていくと、効率的な作業ができるでしょう（表4-1）。

表4-1　各種ステップ実行の使いどころ

実行方法	使いどころ
ステップイン	すべてのコードを1行ずつ丁寧に確認したい場合に使う
ステップオーバー	ステップインと同様に1行ずつ確認するが、関数の内部には入らないので、処理の詳細ではなく、全体の流れを確認したいときに使う
ステップアウト	ステップインで、デバッグが必要ない関数に入ってしまったときに、関数の外に抜け出すために使う

条件つきブレークポイント

　多くのデバッガには**条件つきブレークポイント**と呼ばれる機能があります。これは特定の条件になったらデバッガを起動するという機能です。

　例えば、次のように1から10までの出力を繰り返すfor文のコードがあったとします（コード4-4）。そして、変数iが5のときだけブレークポイントでデバッグをしたい場合、シンプルにブレークポイントを設定すると、計10回ブレークポイントが起動し、その都度処理も止まってしまいます。これでは必要のない9回分、ブレークポイントをスキップする操作が必要になり大変です。

コード 4-4

```
for (let i = 0; i < 10; i++) {
  console.log(i);          ここにブレークポイントを設定する
}
```

　そこで、必要なときにのみデバッガを起動できる、条件つきブレークポイントが活用できます。

　条件つきブレークポイントには、次のようなさまざまなタイプの条件を設定できます。デバッガツールによってはサポートしていないこともあるので、皆さんが普段使ってるエディタやIDEの機能を調べてみてください。

- 特定の式の結果が真値になったとき
- コードが指定回数実行されたとき
- 特定の関数やメソッドが実行されたとき
- 変数が指定の値になったとき
- 例外やエラーが発生したとき

条件つきブレークポイントを使ってみよう

実際に条件つきブレークポイントを使ってみましょう。今回は多くのデバッガに用意されている「特定の式の結果が真値になる」タイプの条件つきブレークポイントを設定してみます。

4-2節で取り上げた、2つの数値の和を計算するアプリケーションのHTMLファイル（コード4-2）をGoogle Chromeで開きます。そして、処理を中断したい箇所にブレークポイントを設定します。例として、19行目の計算ボタンを押したときに実行される関数で処理を中断するように設定しました（図4-26）。

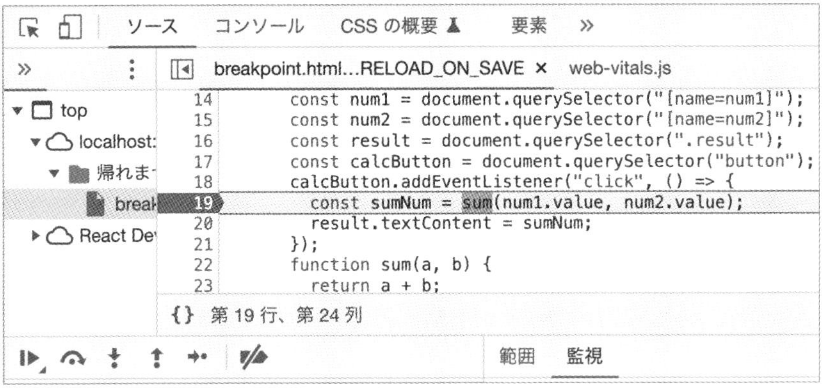

ソース
コンソール
CSS の概要
要素
breakpoint.html...RELOAD_ON_SAVE
web-vitals.js
top
localhost:
帰れま
break
React De
14 const num1 = document.querySelector("[name=num1]");
15 const num2 = document.querySelector("[name=num2]");
16 const result = document.querySelector(".result");
17 const calcButton = document.querySelector("button");
18 calcButton.addEventListener("click", () => {
19 const sumNum = sum(num1.value, num2.value);
20 result.textContent = sumNum;
21 });
22 function sum(a, b) {
23 return a + b;
{} 第 19 行、第 24 列
範囲
監視

図4-26　19行目にブレークポイントを設定する

このままだと、「計算する」ボタンを押すたびにブレークポイントが起動します。そこで今回はnum1の入力欄が空だった場合のみ、デバッガを起動するように条件を追加します。

青いブレークポイントを右クリックします。するとブレークポイントのサブメニューが表示されます。その中の「ブレークポイントを編集」を選択します。

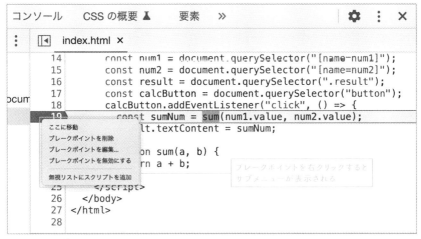

図4-27　ブレークポイントを右クリックする

　すると条件つきブレークポイントを設定する欄が表示されます。ここに任意の条件を設定できます。

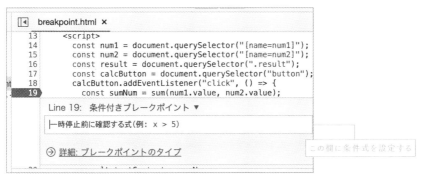

図4-28　条件つきブレークポイントの設定欄

　今回はnum1の入力欄が空だったときだけ、デバッガを起動したいので「num1.value == ''」と、num1が入力されずに空であることをチェックする条件式を入力します。

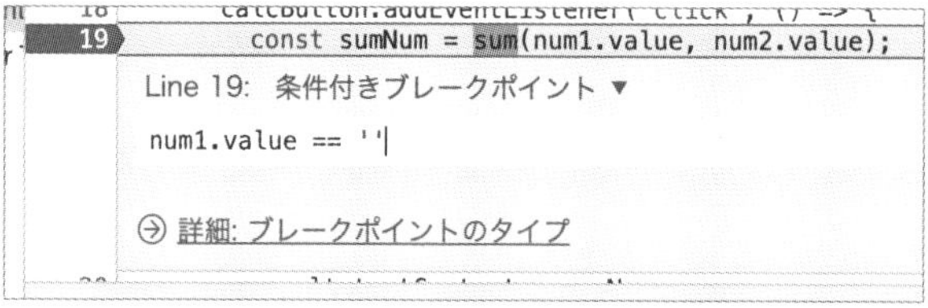

```
    18         calcButton.addEventListener("click", () => {
    19         const sumNum = sum(num1.value, num2.value);
         Line 19:  条件付きブレークポイント ▼
         num1.value == ''|

      ⦿ 詳細: ブレークポイントのタイプ
```

図4-29 「num1が空」の場合の条件式を入力する

　実際に試してみると、num1が入力されている場合は計算ボタンを押し
てもブレークポイントは起動しませんが、num1の入力欄が空だった場合
は、ブレークポイントが起動して処理が中断されます。

> 条件を設定することで効率的なデバッグがで
> きるよ

　また、コード中にブレークポイントを設定できる言語に限定されます
が、デバッガ上で条件を設定するのではなく、コード上に自分で条件式を
書いても同じことが実現できます（コード4-5）。

コード4-5

```
calcButton.addEventListener("click", () => {
  if (num1.value == '') {    ──── 自分でこの条件式を書くのと効果は同じ
    debugger;
  }
  const sumNum = sum(num1.value, num2.value);
  result.textContent = sumNum;
});
```

　ちなみに、条件つきブレークポイントは、デバッガ自身に用意されてい
る機能でもありますが、次のようにコードの中身で条件分岐をさせて実現
することも可能です（コード4-6）。どちらがやりやすいかは状況や人に
よって異なるので、使いやすいほうを選択してみてください。

```
for (let i = 0; i < 10; i++) {
  if (i === 5) {  ──────  ブレークポイントを起動したい条件をコードで表現する
    debugger;
  }
  console.log(i);
}
```

ブラウザの便利な条件つきブレークポイント

Google Chrome など、ブラウザのデベロッパーツールに用意されている条件つきブレークポイントには便利なものが多く、Web アプリケーションのフロントエンド（HTML/CSS、JavaScript）を開発する際に活用すると、効率的なデバッグができます。

表 4-2　ブラウザが備える条件つきブレークポイント

種類	概要
XHR／フェッチ ブレークポイント	ネットワーク通信をした際にデバッガを起動でき、ドメインを指定して条件の絞り込みもできる。ネットワーク通信に関するコードのデバッグをする際に役立つ
DOM ブレーク ポイント	HTML の要素の状態変化を条件に指定できる。例えば、属性が変更されたときや、要素が削除されたとき、子要素が変化したときなど。DOM を操作するようなコードのデバッグに役立つ
イベントリスナー ブレークポイント	さまざまなイベントをトリガーにデバッガを起動できる。不具合の原因となっているイベント（マウス／キーボードの操作、ウインドウサイズの変更、アニメーションなど）は特定できているが、該当のコード箇所がわからない場合に役立つ

4 - 5

変数を監視してみよう

　デバッガによっては**変数を監視する機能**を持っているものもあります。この機能を使えば、処理中の変数の中身を確認したい場合に、ブレークポイントを設定して都度確認する必要がなくなり、実行中に変数の変化を確認することができます。

　先ほどと同じようにGoogle Chromeのデベロッパーツールを使って変数の監視をしてみましょう。

　ソースタブを開くと「監視」という欄があります。ここで変数の監視ができます。使い方はシンプルで、追加ボタンを押して監視したい変数を入力するだけです。

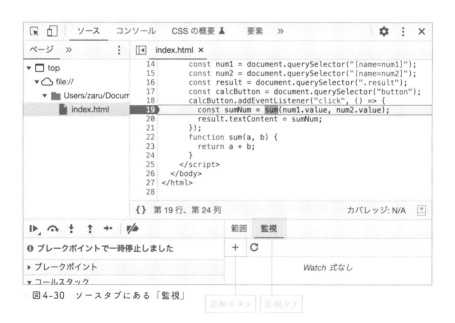

図4-30　ソースタブにある「監視」

今回はnum1の入力欄の値を監視してみます。監視タブにある「＋」ボタンを押して「num1.value」と入力してみましょう。

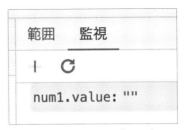

図4-31　監視したい対象を入力

そして、ブラウザ画面上のnum1の入力欄に適当な数値を入力し、監視タブの更新ボタンを押すと、入力した値が表示されます。

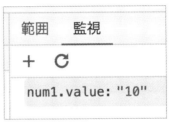

図4-32　入力欄に入力した値が反映される

 本当に監視されてるみたいだ！

このように、監視タブでは指定した変数の中身を任意のタイミングで確認することができます。

ただし、ここで監視対象に設定できる変数はグローバルである必要がある点に注意が必要です。つまり、関数やクラス内部のプライベートな変数にはアクセスできません。その場合は、一時的に監視したい変数をグローバル変数に代入することで監視ができるようになります。

例えば、sumNum変数を監視したい場合、この変数はクリックイベントの関数の内部にあるため、プライベートな変数になっています。このままではデバッガで監視することはできません。そこでwindowというグローバルなオブジェクトに変数を代入することで、外部からアクセス可能な状態にしています（コード4-7）。

```
calcButton.addEventListener("click", () => {
  const sumNum = sum(num1.value, num2.value);
  window.sumNum = sumNum;  ←──── グローバル変数に代入
  result.textContent = sumNum;
});
```

エディタでも使えるデバッガ

　本章ではGoogle Chromeを使って、デバッガの解説をしましたが、Visual Studio Codeなどのエディタ上でもデバッガを使うことができます。使用方法はエディタやプログラミング言語によって異なりますが、操作感はGoogle Chromeとほとんど変わりません。ぜひチャレンジしてみてください。

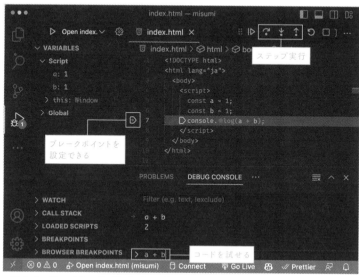

図4-A　Visual Studio Code上のデバッガ

第 5 章

どうしても
解決できない
ときは？

第1章から第4章までは、エラーの読み方やデバッグ手法について学びました。これらの知識やスキルを活用すれば、エラーに遭遇しても問題解決につながることが多いです。

　しかし実際の開発では、すんなりと解決にたどり着けない場面もあります。第5章では、これまでに紹介した**デバッグ手法を試してみたものの、問題が解決しない場合の対処法**について紹介します。デバッグそのものではなく、インターネットを使った検索方法や、エラーが隠れていて気がつかない場合の対処法などを中心に解説します。

　デバッグでは、あらゆる方法を使ってヒントや情報を集めることで、問題を解決できる確率が上がります。時には人を頼ったり、自ら情報を集めたりするような工夫も重要です。エラーがどうしても解決できないときに、どのように試行錯誤をすればよいのか、その具体的な方法を1つずつ押さえていきましょう。

プログラマーのための
情報収集テクニック

　プログラマーにとって「**情報収集**」のスキルはとても重要です。エラーの解決策を探す場面でも、必要な情報を上手に集められるかどうかで、作業にかかる時間は大きく変わってきます。

　本節では、プログラマーとして押さえておきたい検索のテクニックや、情報収集のコツを紹介します。

Googleを使った検索テクニック

　皆さんはエラーが解決せずに困ったとき、Googleの検索ボックスにエラーのテキストを貼り付けて検索した経験はないでしょうか。それによって、エラーの解決につながる情報が得られればよいのですが、うまく情報を集められないこともしばしばあります。特に珍しいエラーの場合、検索結果には問題の解決につながらない記事ばかりが表示されることもあるでしょう。そんなときは、これから紹介する方法を試してみると、よりよい検索結果が得られるかもしれません。

■ 検索テキストをダブルクォーテーションで囲む

　まずは、Google検索の機能を使ったテクニックです。Googleでは検索キーワードを自動で最適化するため、表現の多少の違いを吸収して柔軟に検索をしてくれます。普段の検索時には便利ですが、エラーの検索には向いていません。なぜなら、エラーは表示されたそのままの文字列で検索したほうが、解決につながる結果を得やすいからです。

　Google検索には、**検索するテキストをダブルクォーテーションで囲む**

と、そのテキストと一言一句同じテキストを含んだ記事が探せる「**完全一致検索**」の機能があります。

例として次のエラー文章を、Google 検索してみましょう。

```
Cannot read property 'price' of null
```

図5-1を見ると、完全一致検索を使わなかった場合、検索テキストと部分的に一致したページも検索結果として表示されています。このように柔軟な検索をしてくれることで有益な情報を得られることもありますが、エラーの文章と完全一致したページのみに絞って検索したい場合は、図5-2のように検索テキストをダブルクォーテーションで囲むようにしましょう。

図5-1 完全一致検索を使わなかった場合の検索結果

図 5-2　完全一致検索を使った場合の検索結果

　こんなに検索結果が変わるんだ！

■ 検索テキストに具体的なファイル名を含めない

　また通常、エラーは親切なことに関係するファイルの名前や行数などを
表示してくれます。しかし、そのファイル名は開発者が独自に命名をして
いたり、該当のエラーに直接関係がなかったりすることも多く、検索時に
ノイズとなってしまいます。そのため、エラーに含まれる**具体的なファイ
ル名などは検索テキストに含めない**ようにしましょう。

ただし、例外もあります。それはエラーが、特定のライブラリやフレームワークに起因する場合です。例えば、ライブラリの設定ファイルなどはファイル名自体が固有なため、検索キーワードとして有効です。同じエラーメッセージでも、該当するライブラリのファイル名を含めると、より的確な記事がヒットしやすくなります。

■ 英語で検索する

　プログラミングに限りませんが、インターネット上には日本語よりも英語のコンテンツのほうが多いです。そのため、日本語で検索するのではなく英語で検索をしたほうが、探している情報にヒットする確率が上がることがあります。もし日本語で検索してもよい結果が得られない場合は、英語での検索を試してみるとよいでしょう。

　英語が苦手でも大丈夫です。デバッグ作業で何かを検索する際、検索テキストに使う英語はほぼ以下のパターンで収まります。○○には使っているライブラリ名やフレームワーク名など具体的な名前を入れてください。よほどニッチなエラーでなければ、大抵はStack Overflowなど、海外のQ＆Aサイトやブログ記事がヒットするはずです。

検索フレーズ

○○ not working（もしくは ○○ doesn't work）

　その他にも「how to use」（訳：使い方）、「how to implement」（訳：実装方法）なども実装やデバッグの際に役立つフレーズです。また、英語が苦手な人は、翻訳サイトを使って調べたいフレーズを英語に翻訳してから検索するのもよいでしょう。

GitHubを使った検索テクニック

　GitHubの検索機能でも、思わぬ収穫を得られることがあります。例えば、自分が使っているライブラリがうまく動かないときに、該当のコードをGitHubで検索すると、同じライブラリを使って書かれたコードを見つけられます。そのコードを見ながら、自分のコードとどこが違うのかを確認すると、思わぬ間違いに気がつくことがあります。

　サンプルとなるコードを読むことは、デバッグ時にはもちろん、新しい技術を使った開発を行う際にも役に立ちます。GitHub上でのコードの検索方法を見ていきましょう。

 GitHubなら他の人のコードが見放題だもんね

　GitHubを使った検索を効率的に進めるためには、「GitHub code search」という機能の活用をおすすめします。現段階ではベータ版ではありますが、申し込みをすれば無料で利用できるようになります。

　GitHub code searchを使わなくても、GitHubではさまざまな検索ができるのですが、本節では GitHub code searchを使った2つの便利なテクニックを紹介します。

■ 正規表現を使った検索

　GitHubでの検索は、Googleと同様に複数の単語を検索テキストに含めると、それぞれの単語を含むファイルがヒットします。そのため、検索テキストの順序通りに単語が並んでいないファイルも、検索結果に表示されることがあります。このとき、正規表現を使用すれば、正確な検索が可能になります。正規表現を使って検索を行うには、「/」を使って次のように入力します。

　例えば「export function hello」という文字列で検索する場合を考えてみましょう。普通に検索を行うと、それぞれの単語を含んだファイルが検索結果に表示されます。しかし、この文字列は「関数helloを定義して、それをexportする」という意味を持ったコードであり、この文字列と完全に一致したファイルを探したい場合は不十分です。そんなときは、次のように「/」で囲んで検索をしてみましょう。

```
/export function hello/
```

　このようにするだけで、元の検索フレーズと完全に一致したファイルだけに絞り込んだ検索ができます（図5-3、図5-4）。

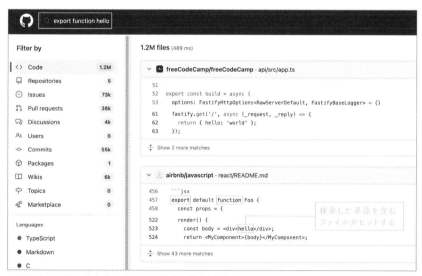

図5-3　正規表現を使わなかった場合の検索結果

図5-4　正規表現を使った場合の検索結果

　上の例では、シンプルに英単語を並べただけでしたが、基本的な正規表現の記号も使うことができます。例えば、次のようにやや複雑な正規表現を使った検索も可能です。

```
/function say[a-z]{4}\(/
```

　この正規表現を使うと、

- function sayName(
- function sayFile(

などのように、「say」の後ろにアルファベット4文字が続く関数を検索できます（図5-5）。

正規表現を使いこなすと検索がとっても楽になるよ

図 5-5　複雑な正規表現を使った GitHub 検索

GitHub 検索では、ファイルのパスで結果を絞り込むこともできます。パス名で検索する場合は「path:」に続けてパスの名前を記述します。

```
path:パス名
```

例えば「Tailwind CSS」というツールを使っていたとしましょう。このツールを使う場合、設定ファイルとして「tailwind.config.js」というファイルを記述するのですが、この記述方法を知りたいときは、ファイル名をパス名として検索します（図5-6）。

```
path:tailwind.config.js
```

図5-6 パス名でのGitHub検索

このように、GitHub code searchを活用することで、問題に関連する
コードを効率的に検索し、他の開発者がどのように実装しているかを調べ
られます。自分が書いたコードとの違いを見つけられ、参考となる情報を
得ることができるでしょう。

コミュニティで質問する

検索のテクニックを用いても解決策が見つからないときは、プログラミ
ングに関するコミュニティに頼るとよいでしょう。代表的なものとして
「Stack Overflow」があります。Stack Overflowでは、あらゆる技術に関す
る質問ができます。日本語版のStack Overflowもあるので、英語に抵抗感
がある場合は、まず日本語版で質問するとよいでしょう。ただし、返答率
や情報量は英語版のほうが高いため、可能であれば英語版を使うことをお
すすめします（図5-7）。

Stack OverflowのようなQ&Aサイトで有効な回答を得るためには、い
くつかの重要なポイントがあります。

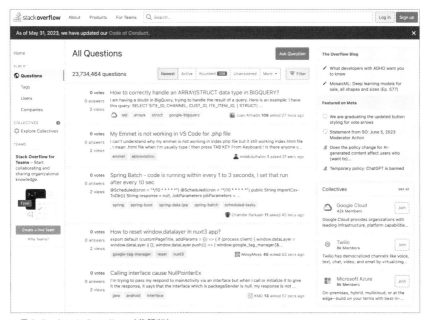

図 5-7　Stack Overflow（英語版）

質問するときは回答がもらえるかいつも緊張
します〜

簡単なポイントを押さえれば、大丈夫だよ！

■ 具体的で明確なタイトルをつける

　Q&Aサイトで回答を提供してくれるユーザーは、質問のタイトルを見て回答するかどうかを決めることが多いです。そのため、タイトルが具体的かつ明確でなければ、回答を得ることは難しくなります。具体的な固有名詞や問題を簡潔に記述することが重要です。

　例えば「なぜか動きません……助けてください」というタイトルの質問は、何に問題があるのかが明確でなく、回答者にスルーされる可能性が高いです。「ReactのuseStateを使っているが変更が反映されない」のように、具体的なタイトルをつけるほうが効果的です。

■ 問題の詳細を網羅的に記述する

　回答を得られていない質問には1つの共通点があります。それは、問題の詳細が十分に記述されておらず、質問文の情報だけでは原因を特定できないものです。例えば、「エラーが出て動かない」という記述だけでは、エラーの詳細が不明なため、回答者も具体的な回答が難しいです。質問を投稿する際は、次のような点に注意して質問文を記述しましょう。

- エラーがある場合はすべてを記述する
  - スタックトレースが長すぎる場合、適切な部分だけを記述する
- 該当のコードがあれば、前後のコードも含めて適切な量を記述する
- 使用している言語やライブラリ、動作環境などの具体的な名称とバージョンを明記する
- 操作や進行した作業手順を簡潔に箇条書きで示す
- 期待する動作や目標を明記する

　これらの要点が含まれた質問は、解決に役立つ回答を得やすくなります。自分が直面している課題をわかりやすく質問できれば、世界中の開発者たちから支援を受けやすくなり、ひいてはプログラミング能力を向上させることにつながります。

一次情報を読もう

ここまで、検索やコミュニティを使った情報収集を紹介してきました。しかし、情報収集をするならば**一次情報にあたる**ことも重要です。

公式ドキュメントやライブラリのリポジトリなどの一次情報と、個人の技術ブログや解説サイトなどの二次情報には、次のような違いがあります。

- 一次情報
    - 公式の情報で精度が高い
    - 意外な機能や仕様を知れることがある
- 二次情報
    - 古い情報や書き間違いもある
    - 正しい情報を選別する必要がある

英語に苦手意識を持っていると、ツールやライブラリを使う際に公式ドキュメントを読むことを怠ってしまうことがあるかもしれません。ドキュメントなどの一次情報を隅々まで読むことは大変ですが、デバッグに詰まってしまった際は、関係する部分だけでも読むように心がけるとよいでしょう。

ここからは、代表的な一次情報について紹介します。

■ 公式ドキュメント

ライブラリやフレームワークが原因でコードが意図通りに動かせない場合は、落ち着いて公式のドキュメントを読み直してみましょう。ちょっとした設定を見落としていたり、そもそも使い方が間違っていたと気づけたりすることがあります。ライブラリはバージョンによって仕様が変更されていることもあるので、注意して読むようにしましょう。

　使用しているライブラリがGitHubで公開されている場合は、自分と同じような悩みを抱えている人がIssueを立ち上げている可能性もあります。クローズ済みのものも含めて検索をしてみると、参考になる回答が見つかるかもしれません。

■ ライブラリのソースコード

　最終手段として、問題と思われるコードを直接見にいく……という方法もあります。コードリーディングに慣れていない場合は抵抗があるかもしれませんが、自分が書いているコードも、インストールしたライブラリも、突き詰めれば同じ「コード」です。うまく動かせない原因を探るためにも、ライブラリのコードを読み、どのような挙動なのか確認すると解決策が思いつくかもしれません。

ちょっとライブラリのコードを読んで勉強してきます！

む、無理しないでね？

エラーが見つからないときは？

　思うようにコードが動かないとき、エラーが出力されていれば具体的な解決策を検索できます。しかし、そもそもエラーが表示されない、あるいは、見つけられないといった場合もあります。そのようなときは、コードや設定をあれこれと変えて、闇雲に試行錯誤をしても、解決には時間がかかってしまいます。

　エラーが出てこないならどうしたらいいんだっ！

　不具合が起きているのにエラーが見つけられない場合、次のような状況に陥っている可能性が高いです。1つずつ、その対処法を見ていきましょう。

- 見ている場所が違う
- エラーの出力設定を確認していない
- エラーを握りつぶしている

見ている場所が違う

　現代のソフトウェア開発はとても複雑になっています。フロントエンド、サーバーサイド、データベース、ウェブサーバーなど、さまざまな言語やツールが合わさって1つのシステムが形作られています。そのような状況においては、自分が今どこでつまずいているのかを見失ってしまうこともあるでしょう。

　つまずいている場所がわからなくなってしまったときは、まずは**システムの登場人物を確認する**ことが大切です。システムが複雑になると、そもそも見ている場所が間違っていて、エラーを見つけられていないことがあります。

　例えばWebアプリケーションを例に考えてみましょう。よくある構成として、アプリケーションがブラウザで動くフロントエンドと、サーバーで動くバックエンドに分かれているとします。

　このとき、この2つの部分を「異なる登場人物」として認識することが大切です。なぜなら、登場人物ごとにエラーの表示される場所が異なるからです。フロントエンドのエラーはブラウザのデベロッパーツールに表示され、バックエンドのエラーはターミナルに表示されます（図5-8）。

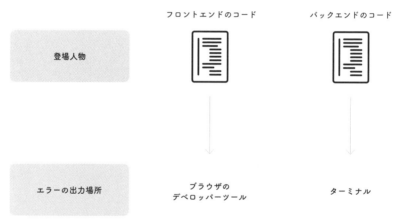

図5-8　システムの登場人物ごとにエラーの出力場所は異なる

　フロントエンドでエラーが発生しているときに、ターミナル（黒い画面）を確認しても、エラーを見つけることはできません。不具合の原因がどこにあるのかわからない状況でも、まずは落ち着いて、それぞれのエラーが表示される場所を確認しましょう。

もう1つ例を見てみましょう。サーバーサイドの構成がWebサーバー、アプリケーションサーバー、データベースと分かれている場合です。ユーザーからリクエストのあった処理は、Webサーバー、アプリケーションサーバー、データベースの順に進んでいきます。入り口であるWebサーバーでエラーが発生してしまった場合、アプリケーションサーバーでエラーを探しても見つけることはできません（図5-9）。

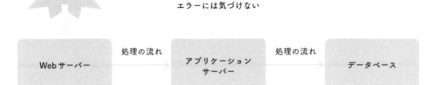

図 5-9　エラーの出力場所を見誤るとエラーを見つけられない

　目の前にある場所だけを探していてもエラーを見つけられないときは、視野を広げて、システムの登場人物を整理しましょう。登場人物とその関係性を把握できれば、見当違いの場所を探して無駄な時間を費やさずに済みます。

エラーの出力設定を確認していない

　登場人物が確認できたら、次はそれぞれの場所で使われているツールやプログラムごとに、エラーが出力される場所を確認しましょう。多くのツールでは、エラーの出力先を任意の場所に設定することができます。例えば、ターミナル（黒い画面）に表示させることもできれば、テキストファイルに書き込ませることもできます。

　　　エラーが出る場所はいろいろあるんだね

この設定を把握していないと、テキストファイルに出力されたエラーに気づかず、ターミナルでエラーが表示されるのをいつまでも待ってしまうような事態が起こります。それぞれのツールやプログラムにおけるエラー出力の設定は押さえるようにしましょう。

PHPでのエラー出力設定

　PHPでは、設定でエラーの出力をON/OFFに切り替えることができます。
　次のコードを見てみましょう。例①のコードは「echo nickname」の部分が誤っており、実行するとエラーが表示されます。

PHPのコード例①

```php
<?php
$nickname = 'Alice';
echo nickname; // 正しくはecho $nickname;
?>
```

例①を実行すると表示されるエラー

```
Uncaught Error: Undefined constant "nickname"
```

　一方で、例②のコードも同じ部分に誤りがあるのですが、エラーの出力をOFFにする「display_errors」の設定が挿入されているため、エラーが実行結果に表示されません。

PHPのコード例②

```php
<?php
ini_set('display_errors', 1);
$nickname = 'Alice';
echo nickname; // 正しくはecho $nickname;
?>
```

この行を追加するとエラーが
表示されなくなる

　このように、プログラミング言語や、ツール（Webサーバーや
フレームワークなど）の設定によっては、エラーがあっても出力
されないことがあります。エラーが見つからないときには落ち
着いて設定を確認しましょう。

エラーを握りつぶしてしまっている

　「エラーを握りつぶす」という言葉を聞いたことはありますか？　これ
は**不具合があってもエラーを表示させず、処理を継続させてしまう**プログ
ラムの状況を指します。
　例えばJavaScriptでは、try〜catch文を使ってエラーを握りつぶすこと
ができます。具体例を見てみましょう（コード5-1）。

コード5-1

```javascript
try {
  data = getData();
} catch {

}
```

不具合が発生しうるコード

何もしない

コード5-1では、関数getData()で不具合が発生したとしても、エラーは表示されずに処理も停止されません。このタイミングで処理が停止しないと、変数dataに正しい値が格納されず、この先の処理で予期せぬ動作を引き起こします。

　このようなコードに対しては、最低限catchした際にエラーを無視するのではなく、エラーを出力して適切に認識できるようにしましょう。

　これまで、たくさんのエラーを紹介してきましたが、そのどれもが先頭に「Uncaught」という文字列があったことに気づいたでしょうか。「Uncaught」は日本語で「キャッチされていない」という意味です。キャッチとは、「try〜catch」のキャッチのことです。つまり、Uncaught Errorとは「try〜catchによって処理されなかったエラー」を指しているのです。

不具合が再現できないときは？

本番環境でアプリケーションを運用していると、ユーザーから不具合に関する問い合わせをもらうことがあります。このような問い合わせがあった場合、まずは**不具合が再現するかどうかを確認します**。もし簡単に再現できるならば、その後は通常のデバッグ作業に進むことができます。しかし、再現ができないケースに遭遇することもあります。

ユーザーからの問い合わせは焦っちゃいます

まずは落ち着いて情報を集めることに集中しよう！

不具合を再現できないときは、まず不具合に関連する情報を集め、問題を切り分けることが重要です。これによって、再現に必要な「条件」を見つけることができます。集めるべき情報には次のようなものがあります。

- ユーザーの操作環境（OSやブラウザの種類・バージョン、回線状況）
- 不具合が発生した日時
- 該当日時にエラーログが記録されているか
- ログインなどユーザー固有のデータや処理が存在するか

ユーザーと同じ操作をしても不具合が再現できない場合、単純な操作方法とは異なる部分に原因がある可能性が高いです。問い合わせをくれたユーザーの操作環境の情報を集め、ユーザーと近い状態で検証できないか試してみましょう。

Webアプリケーションでは、特定のブラウザだけでエラーが発生したり、モバイル環境での操作を想定していなかったために正常な操作ができなかったりするケースがあります。

　また、日時の情報を扱うアプリケーション（カレンダーやリマインダー通知など）では、操作や処理を実行した日時によって、不具合の発生状況が変わることもあります。これらは、タイムゾーンの違いや、日付の計算におけるエラー（閏年や月末日の扱いなど）が原因かもしれません。

　また、特定のユーザーだけが経験する問題の場合、ユーザー固有のデータや設定が関連している可能性もあります。例えば、特定のユーザー設定や権限、またはそのユーザーが持っているデータ（大量のデータ、特殊な文字を含むデータなど）が問題を引き起こすことがあります。

　実際に表示されたエラーやログをユーザーから集め、それらの情報をもとに、問題が発生した条件を絞り込みます。同じ条件下で検証を行うことができれば、不具合を再現できる可能性は高まります。不具合が再現できれば、通常のデバッグ作業に移行できますし、再現できなくても、情報の収集と切り分けを続けることで、原因を特定するための手がかりを見つけやすくなるでしょう。

チェックリストを作って対応するのがオススメ！

本番環境のエラー収集方法

　この節では、本番環境でのエラーの扱いについて紹介します。効率的なデバッグを行うためには、エラーの情報が非常に重要です。開発時にはエラーに関する情報がそのまま出力されますが、本番環境では適切な設定が行われていないと出力されないか、出力されても情報が不十分でデバッグの手がかりが見つけられない可能性があります。

　さらに、Webアプリケーションの場合、ブラウザ上で発生したエラーはサーバーに記録されないため、収集することができません。

　本番環境でのトラブルシューティングに備えたい方や、将来的に必要になるかもしれない本番環境のエラーの取り扱いについて学びたい方にとって、この節は役立つ情報となるでしょう。

エラーの収集方法

　先述したように、本番環境では開発環境と異なり、エラーに関する情報の出力先などを適切に設定しなければなりません。エラーに関する情報が集まったファイルのことをエラーログと呼びます。エラーログが適切に管理されていないと、デバッグが難しくなってしまいます。しかし、ログファイルの管理はインフラの専門知識が求められ、簡単ではありません。

　そこで、エラーログを容易に収集するためのサービスを紹介します。これらは「**エラートラッキングツール**」と呼ばれます。エラートラッキングツールを利用することで、インフラに詳しくなくても、エラーログを確実に収集できるようになります。

■ 代表的なエラートラッキングツール

Sentry

Rollbar

　これらのツールは、フロントエンドやサーバーサイドのプログラムに専用のライブラリをインストールし、少量の設定を行うだけで利用可能となります。そして、エラーが発生した際には詳細な情報を収集し、専用の管理画面から確認することができます。

　以下は、Sentryで収集したエラーの詳細画面の例です（図5-10）。

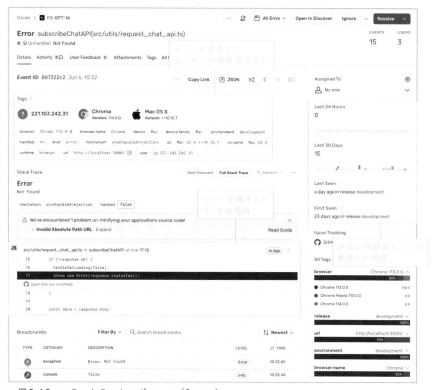

図5-10　エラートラッキングツール（Sentry）

エラーが発生したOSやブラウザのバージョン、閲覧者の環境などの詳細を確認することができます。また、具体的なエラーメッセージやエラーが発生したコードの位置も示してくれます。このように詳細なエラー情報を蓄積しておけば、アプリケーションの品質を高める上でも大いに役立ちます。

　SentryやRollbarは基本的に有料のサービスですが、一定の範囲内では無料でも利用できます。業務用アプリケーションを開発する際には、採用を検討することをおすすめします。

進化するログ管理手法

　システムの操作記録やイベントの発生などを記録したデータを「ログ」と呼びます。ログはシステムがどのように使われているのかを分析するのに活用されますが、それだけでなくデバッグ時にも非常に役立つデータとなります。

　ログそのものは、エラーに限らず正常な操作も含んだ履歴データです。それに対して、エラーに関するログのことを、「エラーログ」と呼びます（図5-11）。

図5-11　ログとエラーログ

　デバッグではエラーログがあれば原因を探索することは可能です。しかし、時にはエラーが発生する前の操作が原因でエラーになることもありま

す。そういったときには、通常の操作を含むログを確認することで、エラーに至るまでの経路や条件を検証することができます。

　開発しているシステムのログがどのように管理されているのか、この機会に確認をしてみることをおすすめします。

　また、ソフトウェアの進化は、時代とともに急激に進んでいます。昔の素朴なWebアプリケーションは、単一のサーバー内にアプリケーションコードを置き、データベースを設置して機能させていました。

　しかし、現代のアプリケーションは非常に複雑です。サーバーはクラウド上に配置され、各アプリケーションはコンテナ化されており、複数のミドルウェアと通信しながら機能しています。さらに、AWS などのクラウド環境では冗長性を高めるために複数のサーバーが同時に稼働することが一般的です。

　その結果、ログも単一の場所に集まっているわけではなく、さまざまな場所に分散していて分析するのが困難です。そこで、ログを一元管理するサービスを活用することで、すべてのログを簡単に管理することができます。

■ 代表的なログ収集ツール

- Logflare
- Papertrail
- Logtail
- Datadog

　これらのサービスを導入することで、各種Webサーバーやアプリケーションのログを一箇所に集約できます。さらに、これらのサービスは高度な検索機能を備えており、特定の日時や特定のキーワードを含むログを簡単に見つけることができます。

> ツールによっては、無料で使えるプランもあるよ

　デバッグにおいては、不具合が発生したエラーログだけでなく、その前後のログを確認することで、より効率的に原因を追究できます。一度失われたログは二度と取り戻すことができないため、アプリケーションの運用時には必ずログファイルの保全について確認することをおすすめします。

どうしても不具合が解消できない場合の回避術

　時には、不具合の原因を特定できない場合や特定できたとしても修正が困難な場合があります。このような状況では、Work around（回避策）と呼ばれる手法を使用することがあります。

図5-A　Work aroundのイメージ

　Work aroundは上の図で「回避」と書かれているように、根本的な解決にはならないものの、別の方法で目的を達成するというアプローチです。イメージとしては、問題を回避するためのバイパスのようなものです。問題を隠蔽する場合もあり、ポジティブなアプローチとはいえませんが、何もしないよりはマシという現実的な選択肢として、実務上で時折目にするアプローチです。

　不具合の解決は時間との闘いでもあります。こうした選択肢があることを頭に入れておくと、どうしても立ち行かなくなったときでも前に進める可能性が広がるでしょう。

第 6 章

デバッグ
しやすい
コードを
書こう

ここまで、プログラミングで不具合が起こったときに、その原因を調査する方法や、対処のしかたについて紹介してきました。

　しかし、そもそも不具合は発生しないに越したことはありません。そして、もし不具合が発生したとしても、コードは簡単にデバッグできる状態になっているのが望ましいでしょう。そこで最後の第6章では、**不具合を起こしにくいコードや、デバッグのしやすいコードを書くためのテクニックやヒント**を紹介します。

　デバッグは、原因を調査し修正を加えていく作業です。このような作業では、影響範囲の考慮や、プログラム実行時の状態（変数の中身など）の追いかけやすさが重要です。これらの点を踏まえて、この章ではコードを書く際の原則や守っておきたいルールについて、解説します。

　プログラムのソースコードは、少しの工夫で読みやすくかつ、デバッグしやすいものになります。この章で扱う内容は、どれも初心者でも簡単に取り入れられます。ぜひ普段のプログラミングでも試してみてください。

再代入は控えよう

　ここからは、デバッグのしやすいコードを書くためのテクニックについて紹介していきます。1つ目は「**再代入を控える**」というテクニックです。再代入とは、次のコードのように、一度定義した変数に再び値を代入して変数の中身を書き換えることです。

コード6-1

```
let nickname = "Alice";
nickname = "Bob";           再代入
```

　プログラムを書いていれば、データをアップデートするために再代入を使う場面もあるでしょう。しかし、**再代入は時にコードを読みづらいものにしてしまう**ため注意が必要です。よほどの必要性がない場合は、再代入を控えることが望ましいです。例として、次のコードの断片を見てみましょう。

コード6-2（再代入を使った改善の余地のあるコード）

```
function sample() {
  let data = getData();        ❶dataを宣言
  // 処理
  data = sort(data);           ❷dataに再代入
  // 処理
  data = filter(data);         ❸dataに再代入
  // 処理
}
```

コード6-2は、2行目で定義したdataを使いまわし、dataの中身が更新されていきます。このような再代入を繰り返したコードは、常にdataの中身の変化を意識しながら読まなくてはならず、処理の流れを追うのが大変になります。仮に、この関数内部のどこかでdataを利用したコードがある場合、そのときのdataの中身が❶～❸のどの状態にあるのかは、丁寧にコードを読み解かなければわかりません。

では、再代入を使わずに書き変えるにはどのようにすればよいのでしょうか。答えはシンプルで、**扱うデータが変わるたびに新しい変数を用意すればよい**のです。

コード6-2を改善したコード

```
function sample() {
  const data = getData();          ❶ dataを宣言
  // 処理
  const sortedData = sort(data);   ❷ sortedDataを宣言
  // 処理
  const filteredData = filter(sortedData);  ❸ filteredDataを宣言
  // 処理
}
```

並び変え（ソート）を行うsort()関数によって生成されたデータは「sortedData」と名づけ、絞り込みを行うfilter()関数によって生成されたデータは「filteredData」と名づけています。

改善前のコードのようにdata変数を使いまわしたほうが、一見するとテキスト量も少なくシンプルに見えるかもしれません。しかし、プログラムのコードは、実体とその名前が明瞭に紐づいていることで読みやすくなります。改善後のコードであれば、sortedDataという変数があれば、それはすなわち②によって生成された状態であるということがわかります。

再代入を抑制する機能を使おう

　JavaScriptでは、変数を定義する際、constとletをキーワードとして使うことができますが、**constは再代入を禁止する機能**を持っています。先ほどの改善後のコードでもconstを使っていました。同様にプログラミング言語の機能で再代入を抑制できるものがあれば、積極的に利用するとよいでしょう。

再代入をしないとデバッグもしやすくなる

　再代入をしないように心がけると、デバッグツールを使う際にもメリットがあります。第4章で紹介したブレークポイント（96ページ）を利用するときに、再代入の有無がどのような違いをもたらすのか、次に示す2つのコードを例に見比べてみましょう（コード中のrandom()関数とdouble()関数はすでに定義されているものとします）。

再代入のあるコード

```
let a = random();
a = double(a);
debugger;
```

再代入のないコード

```
const a = random();
const b = double(a);
debugger;
```

　まず、再代入のあるコードの処理をブレークポイント（debugger）で止めてみましょう（図6-1）。

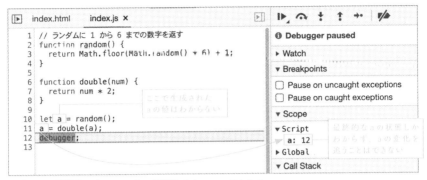

図6-1　再代入のあるコードの処理をdebuggerで止める

　再代入がある場合、debuggerによって止まった瞬間のaの状態しか確認できず、10行目のlet a = random()によって生成されるaの値は把握できません。これでは処理の流れを可視化できず、不具合の原因調査に手間がかかってしまいます。

　一方、再代入を使わない場合はどうなるのでしょうか（図6-2）。

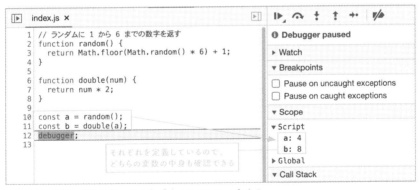

図6-2　再代入のないコードの処理をdebuggerで止める

これならaもbも中身がわかるね！

再代入を行っていない場合は、図6-2のようにa、b両方の状態を知ることができます。このように、それぞれの変数の状態を把握できれば、不具合の原因がどこにあるのかも見つけやすくなります。

コードの潜在的問題を見つける

　通常、デバッグはエラーが発生してから行う作業です。それに対して、事前にコードの潜在的問題を見つけ、エラーの発生を抑制できる「静的コード解析ツール」というものがあります。これはコードを実行せずに解析し、問題があれば警告をしてくれるツールです。リンター（Linter）とも呼ばれます。

　この静的解析では未使用の変数、未定義の関数、コーディング規約の違反、可能性のあるバグパターンなどを特定します。

　例えば、JavaScriptでよく使われるリンターのESLintには「prefer-const」というルールがあります。このルールは、letで定義した変数が一度も再代入されていない場合に、「constを使って再代入ができないように宣言する必要がある」と警告を出してくれます。

```
let foo = 100;          ───── 再代入をしないならletではなく……

const foo = 100;        ───── constを使い、再代入を禁止する
                               ことを推奨する
```

　このようにプログラマー自身が、よいコードを書くよう意識することに加え、潜在的な問題を警告してくれるツールを活用することで、よりよいコードを書くことができるようになります。

6 - 2

スコープは可能な限り狭めよう

「**スコープ**」とは、変数や関数の有効範囲のことです。スコープを不必要に広げてしまうと、コードの読むべき範囲が広がりデバッグが大変になります。スコープはできるかぎり狭めておくように意識しましょう。次のコードは、スコープが無駄に広く改善の余地があります（コード6-3）。

コード6-3

```
function fn() {
  const data = getData();
  if （条件式） {
    // dataを使う処理
  } else {
    // dataを使わない処理
  }
}
```

変数dataのスコープはfn関数の内部全体となっています。しかし、実際にdata関数が使われる範囲はif(条件式)のブロックの内部だけです。ですので、このdataは不必要にスコープが広い状態といえます。スコープを必要範囲に狭めるには、次のように書き換えます。

```
function fn() {
  if (条件式) {
    const data = getData();  ●━━━ dataの定義をif文の内部で行う
    // dataを使う処理
  } else {
    // dataを使わない処理
  }
}
```

修正後のコードは、変数を定義するコードの位置を変更しているだけです。とても簡単ですが、たったこれだけの修正でもデバッグの効率は高まります。

スコープが広い場合のデメリット

スコープが広い場合、どのようなデメリットがあるのでしょうか。

■ デバッグ時に読むべきコードが増える

スコープが必要以上に広いと、本来は読む必要がないコードも読まなくてはならず、無駄に労力がかかることがあります。

先ほどのコード6-3を例に考えてみましょう。例えば、getData()によって生成された変数dataがどのように使われているのかを確認したいとします。スコープが広い場合は、関数sample内のすべてのコードを読む必要がありますが、スコープがif文のブロックに狭められている場合は、その範囲だけを読めば済みます。

スコープが広い場合

```
function sample() {
  const data = getData();
  if (条件式) {
    // 処理
  } else {
    // 処理
  }
}
```

読むべき
範囲も広い

スコープが狭い場合

```
function sample() {

  if (条件式) {
    const data = getData();
    // 処理
  } else {
    // 処理
  }
}
```

読むべき
範囲も狭い

図6-3　スコープが広いと読む範囲が広がる

■ パフォーマンスが悪くなる

　改善前のコードでは、getData()が常に実行されていますが、本来、この処理は条件式を満たした場合にのみ、実行されればよいものです。実行される必要のない処理が実行されている状態は、コンピュータのリソースを無駄に消費し、プログラムのパフォーマンス低下にもつながります。

■ 変更しづらくなる

　data = getData()という行に変更を加える場合を考えてみましょう。スコープが狭い場合は条件式を満たす場合のみを考慮すればよいですが、スコープが広い場合は関数sample全体を考慮しなくてはなりません。変更を加える際は影響範囲を調べて動作を保証しなくてはならないため、スコープが広いと調査すべき範囲も広くなり、動作確認に時間がかかってしまいます。

　このように、不必要に広いスコープは百害あって一利なしです。スコープを狭めること自体はとても簡単なテクニックなので、ぜひ意識してみてください。

コードを変更するときのことを考えてスコープ
は絞ろう

第6章　デバッグしやすいコードを書こう　　167

単一責任の原則を知ろう

　皆さんは「**単一責任の原則**」というフレーズを聞いたことはあるでしょうか。「単一責任の原則」とは「**クラスや関数などのコードが持つ責務は１つにするべき**」というルールのことです……といっても、抽象的で何のことやらわかりづらいですよね。簡単にいうと、「異なる役割を同時に持たない」ということです。

　「単一責任の原則」に従ったコードは役割が明確になり、複雑性が減るためコードの変更が用意になり、不具合の発生も少なくなります。

■具体例 架空のプロフィール書類作成サービス

　イメージをつかむために、架空の「プロフィール書類作成サービス」を例に考えてみましょう。ここからは、サービスを利用する人を「ユーザー」、サービスを運営している人を「運営者」と呼びます。

> ユーザー（サービスの利用者）
>> プロフィール書類を作成する
>> 名前や年齢などプロフィールのデータを変更できる
> 運営者（サービスの運営者）
>> プロフィール書類のフォーマットを変更できる

■プロフィール書類を更新する処理を考えてみよう

　さて、まずはこのサービスにおける「プロフィール書類を変更する」ための処理を考えてみましょう。この処理を担うupdateProfile()という関数を用意したとします（図6-4）。

図6-4　プロフィール書類を変更するupdateProfile()関数

　何の変哲もないシンプルな関数ですが、処理の中身をよく見てみると、この関数は2つの機能を持っていました（図6-5）。

　プロフィール書類のフォーマットを更新する機能（運営者による操作）
　プロフィール書類のデータを更新する機能（ユーザーによる操作）

図6-5　updateProfile()関数が持つ2つの機能

　つまり、この関数は異なる対象に向けた2つの責務を持っており、「単一責任の原則」に反した状態になっているのです。では、この関数には、どのような不都合があるのでしょうか？

1つのコードで2つの責務、一石二鳥じゃないのかな？

■「単一責任の原則」に反すると何が起きる？

　具体的なシーンをイメージしてみましょう。ある日、サービスの開発者のもとに、運営者からこんな要望が届きました。

　　「表示フォーマットを更新した際に更新履歴を残せないか？」

　そこで、updateProfile()関数に変更を加えて、追加機能をリリースしたところ、運営者はとても喜んでくれました。ところが、問題はここからです。後日、ユーザーからこんな問い合わせが届いてしまいました。

　　「データの更新がうまくいかないんですが！」

　これは、updateProfile()関数が、「運営者」と「ユーザー」という**複数の「利用者」に対して責任を負っていた**ためです。運営者側からの要望に応える変更が、関係のないユーザー側の処理に意図しない不具合を発生させてしまったのです。複数の利用者に対する機能を抱えたコードは、ちょっとした変更の際でも、常に広範囲のことを考慮しなくてはならなくなり、修正や機能追加が難しくなります。

■ ではどうしたらよいのか？

　ではこのような問題を起こさないためには、どのようなコードを書けばよいのでしょうか。答えはいたってシンプルで、**単一の「利用者」に対する責務のみを負う**ようにします。今回の例では、図6-6のようにupdateTemplate()関数とupdateProfileData()関数を用意して、それぞれが「運営者」「ユーザー」への責任を負うようにします。

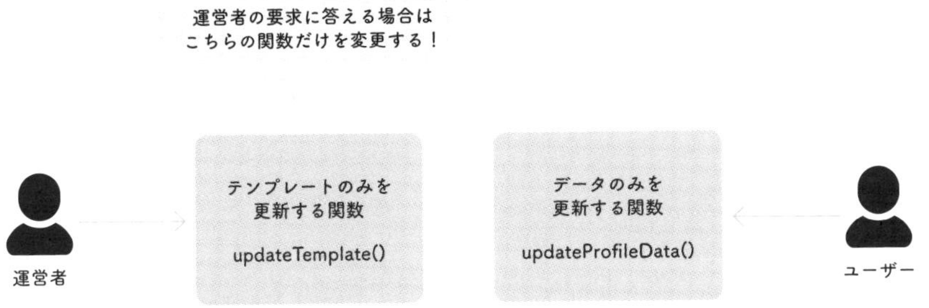

運営者の要求に答える場合は
こちらの関数だけを変更する！

運営者

テンプレートのみを
更新する関数

updateTemplate()

データのみを
更新する関数

updateProfileData()

ユーザー

図6-6　別々の機能は別々の関数に分ける

　「責任（責務）」という言葉は抽象的で、曖昧さも含んでいるため、捉え
どころのないルールのように思えるかもしれません。まずは、コードを書
く際に**「これは誰に対する責務なのか？」**と常に自問自答するようにしま
しょう。

たくさん機能が入った関数のほうがお得…
ってことではないんですね

関数の機能は1つ！　欲張っちゃだめだよ！

純粋関数を利用しよう

　プログラムは「関数をどのように書くか」でその読みやすさは大きく変わります。この節では、関数の書き方における1つのテクニックを紹介します。

　関数の中で、ある条件を満たしたものを「**純粋関数**」と呼びます。純粋関数はいくつかのメリットを持っていますが、特に「読みやすい」「デバッグしやすい」という優れた特徴を持っています。純粋関数の仕組みを学び、これを利用できるようになりましょう。

純粋関数とは？

純粋関数とは、関数の中で以下の2つの条件を満たしたものです。

引数が同じであれば、同じ戻り値となる
副作用がない

　2つの条件をそれぞれ詳しく見ていきましょう。特に「副作用」については聞き慣れない人も多いでしょう。なんだか言葉は難しそうですが、概念はとても簡単なものです。

 副作用ってなんだろう？

■「引数が同じであれば、同じ戻り値になる」とは？

例えば、次のコードの関数は、同じ引数で何度呼び出しても、その戻り値は変わりません（コード6-4）。これは先ほど挙げた、1つ目の条件を満たしています。

```javascript
function double(a) {
  return a * 2;
}

double(3);   ← 1度目の呼び出し：戻り値は「6」
double(3);   ← 2度目の呼び出し：戻り値は「6」
             （何度呼び出しても、引数が同じであれば戻り値は変わらない）
```

続いて、次のコードの関数を見てみましょう（コード6-5）。このコードでは同じ引数で関数を呼び出しても、状況によって戻り値が変わってしまいます。

```javascript
let x = 100;

function add(a) {
  return x + a;
}

add(3);   ← 1度目の呼び出し：戻り値は「103」

x = 200;

add(3);   ← 2度目の呼び出し：戻り値は「203」
          （同じ引数で呼び出しても、戻り値が一緒とは限らない）
```

コード6-5は、1つ目の条件である「引数が同じであれば、同じ戻り値になる」を満たさないため、純粋関数ではありません。

■ 副作用とは？

　副作用という言葉は、日常生活であれば聞いたことがあるかもしれません。プログラミングの関数における「副作用」とはどのようなものなのでしょうか。簡単に説明するなら、**副作用とは「関数外部の状態を変更すること」**です。具体的なコードを見てみましょう（コード6-6）。

コード6-6

```
let numbers = [1, 2, 3];

function fn(x) {
  x.push(4);
  return x;
}

console.log(numbers); // [1, 2, 3]
fn(numbers);
console.log(numbers); // [1, 2, 3, 4]
```

fn()関数を実行することで変数numbersが書き変わってしまった

　fn()関数は、引数で受け取ったxの値に要素を追加する処理を行っていますが、同時に関数の外側の変数numbersの状態も変更してしまっています。このような関数を「副作用」を持った関数といいます。
　先の例で挙げたdouble()関数は、関数外部の状態を変更することはないので、これは副作用のない関数です。またdouble()関数は、1つ目の条件も満たしているので「純粋関数」となります。

純粋関数とそうでない関数の比較

改めて、純粋関数とそうでない関数を見比べてみましょう。

次に挙げるのは、説明をシンプルに行うために、実用性をあえて考慮していないコード例です。「こんな無意味なコードを書くわけがない」と思うかもしれませんが、純粋関数の特徴をつかむための例としてご覧ください（とはいえ、プログラムが複雑になると、似たような構造を作り上げてしまうこともあります）。

純粋関数の例

```
function addPure(a, b) {
    return a + b;
}
```

純粋関数でない例

```
let total = 0;

function addNotPure(a, b) {
    total = a + b;
    return total;
}
```

純粋関数は、そうでない関数と比較して「読みやすい」「デバッグがしやすい」という特徴があります。まず、純粋関数は関数外部との関わりがなく、関数内部だけを読めばどのような処理を行っているか把握できるため、圧倒的に読みやすいです。一方で、そうでない関数は、処理を追う際に関数の外側まで意識して読まなければなりません（図6-7）。

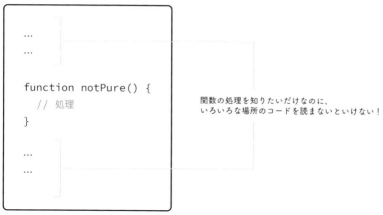

```
...
...

function notPure() {
  // 処理
}

...
...
```

関数の処理を知りたいだけなのに、
いろいろな場所のコードを読まないといけない！

図6-7 純粋関数でない関数が読みづらい理由

　さらに「副作用」があると、デバッグの難易度も高まります。関数に修正や変更を加えた場合、動作を保証する必要がありますが、この動作の保証は単に関数のインプット／アウトプットを確認すればよいのではなく、関数の外部への影響も考慮しなくてはなりません（図6-8）。

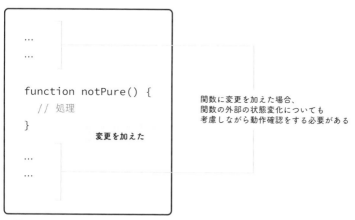

```
...
...

function notPure() {
  // 処理
}
       変更を加えた
...
...
```

関数に変更を加えた場合、
関数の外部の状態変化についても
考慮しながら動作確認をする必要がある

図6-8 副作用がある関数に変更を加えた場合

純粋関数の利用について

　ここまでの説明で純粋関数が「読みやすく」「デバッグもしやすい」という優れた特徴を持った関数だと理解できたことでしょう。さっそく目分のコードを純粋関数で書き換えたくなった方もいるかもしれませんが、その前に頭に入れておくべきことがあります。

　純粋関数は確かに優れた特徴を持っていますが、**すべての関数を純粋関数で書くことは現実的ではありませんし、また無理やり純粋関数にすべきということでもありません**※6-1。プログラムは、関数の外部の状態を変更する必要もあります。また、オブジェクト指向の言語では、純粋関数を作りにくい性質もあります。

要は影響範囲の小さい関数を作るってことね

　そのため、純粋関数の仕組みを理解した上で、意識してもらいたいことは「見通しがよくなりそうであれば純粋関数を利用する」ということです。逆にいうと、「不要な」副作用や関数外部への参照は、関数の見通しを悪くします。これらのネガティブな要因を排除することを意識すれば、デバッグのしやすいコードを書けるようになるでしょう。

※6-1　Haskell など「純粋関数型言語」と呼ばれるプログラミング言語においては可能です。

型を意識してコードを書こう

プログラムの不具合の原因の1つに「**値の型が想定していたものと異なる**」ことがあります。次の例を見てみましょう（コード6-7）。

```
コード6-7

function hello(name) {                    toUpperCase() は文字列に対してのみ有効
    const upperName = name.toUpperCase();
    console.log(`${upperName} さん、こんにちは`);
}

hello('Alice');            「ALICE さん、こんにちは」という文字列を表示する
hello(10); // Error
```

関数hello()はnameという引数を取りますが、この引数は暗黙的に文字列（string型）であることを期待しています。なぜなら、2行目の文字列を大文字に変換するtoUpperCase()メソッドは、string型以外の値に対して適用するとエラーとなってしまうためです。困ったことに、このコードは文法的には間違っていません。そのため、人の目で間違いを探すことは難しく、しばしば本番環境でエラーを発生させる原因となります（図6-9）。

「型の間違い」は気づきにくく、
本番環境でのエラーになりやすい

エラー発生

| 開発者が
コードを書く | → | リリース | → | ユーザーが
サービスを利用する |

図6-9　型の間違いは気づきにくい

型の間違いには、どのような対策ができるのでしょうか。

コメントで型を明示する

　関数の処理を理解するにあたって、「引数の型」と「戻り値の型」はとても重要な情報です。この型の情報がわかるだけでもコードは読みやすくなり、関数を使う際も、引数の型が渡してよいものかどうかを判別しやすくなります。型の情報を伝えるアプローチの1つとして「**型をコメントに書いておく**」という方法があります（コード6-8）。

```
コード6-8

/**
 * 引数の文字列の長さを返す
 * @param {string} name - 入力された名前
 * @returns {number} - 名前の長さ
 */
function nameLength(name) {
  const length = name.length;
  return length;
}
```

上のように短いコードの場合、コメントがやや大げさに見えるかもしれません。しかし、関数が複雑になった場合は、コメントを読むだけで処理の意図がわかるようになり、とても有用です。

コードを誰かに引き継ぐときにも、コメントは
役に立つよ

プログラミング言語の機能を使って型情報を付与する

プログラミング言語の機能を用いて型情報を扱うこともできます。残念ながらJavaScriptには、まだ型をコードとして記述する術がないのですが、JavaScriptの拡張版であるTypeScriptでは、型の情報を次のように示すことができます（コード6-9）。

コード6-9

```
function nameLength(name: string): number {
  const length: number = name.length;
  return length;
}
```

1行目のnameLength(name: string): numberによって、引数の型がstring（文字列型）で、戻り値の型がnumber（数値型）であることが明示されています。

TypeScriptで書いたコードは、プログラムをリリースする前に必ず「静的検査」が行われます。静的検査とは、プログラムを実行せずにコードをチェックすることです。これによって、型が誤ったコードを書いてしまっても、そのタイミングで不具合に気づけるため、本番環境での不具合を回避することができます（図6-10）。

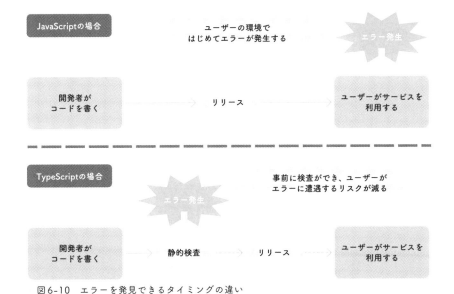

図6-10　エラーを発見できるタイミングの違い

　現行バージョンのPHP、Python、Rubyには型情報を記述する方法がサポートされています。型を曖昧にせず、しっかりと意識することで不具合の起きにくいコードが書けるようになります。

「動的型付け言語」と「静的型付け言語」

　プログラミング言語は「動的型付け言語」（JavaScript、PHP、Python など）と「静的型付け言語」（Go、Java、TypeScript など）に区別できます。この節で扱った「想定外の型によるエラー」は、動的型付け言語で見られる典型的なエラーです。

　この２つの言語の違いを簡単に説明すると、「型」がコードを書いた段階で定まるのが静的型付け言語で、プログラム実行時に定まるのが動的型付け言語です。

　また静的型付け言語は、プログラムを実行する前に「型」が正しいかどうかをチェックしてくれるので、コードを書いている段階で型のエラーに気がつくことができます（この型チェックは、コンパイラと呼ばれる「コードを機械が理解できる言葉に翻訳するツール」で行われます）。

　次に示すのはこの節の冒頭で扱った関数をJavaScriptで書いたコードと、それをTypeScriptで書き換えたコードです。

動的型付け言語であるJavaScriptのコード

```
function hello(name) {          引数の型は定まっていない
  const upperName = name.toUpperCase();
  console.log(`${upperName} さん、こんにちは`); }
}

hello(10);          実行時にエラーとなる
```

```
function hello(name: string) {
  const upperName = name.toUpperCase();
  console.log(`${upperName} さん、こんにちは`); }
}

hello(10);
```

引数の型を文字列
（string）に定めている

実行前の型検査で誤りを発見できる

　JavaScript の場合、関数helloの引数は、文字列（string型）であることを期待しています。しかし、コードを書いた段階では、その型を定めることはできません。そのため、hello(10)のように、文字列でない数値を引数に記述することが可能になってしまいます。このような記述ができる場合、プログラムを「実行した段階」で想定外の型によるエラーが発生してしまう可能性があります。

　一方で、TypeScript の場合はhello(name: string)と関数宣言時に引数の型を定めています。そのおかげで、hello(10)のような誤りのあるコードは、実行する前の型検査で発見できます。

デバッグを助けるテストコード

「**テストコード**」とは、ソフトウェアの品質を確保するために、コードの動作をテストするためのコードです。テストコードを使えば、書いているコードが意図した通りに動くのかを自動で検証できます。

　動作確認のためのテストコードがデバッグに役立つのか疑問に思うかもしれません。しかし、実はテストコードを活用するとデバッグの効率は非常に高まります。

テストコードってどういうもの？

　まず、テストコードのイメージをつかむために、具体例を見てみましょう。次に示すのは、足し算を行うプログラムのコードです（コード6-10）。

コード6-10

```
function add(a, b) {
  return a + b;
}
```

　このプログラムの動作を確認するために、次のようなテストコードを書きます。

コード6-10のテストコード

```
function testAdd() {
  const result = add(2, 3);
  if (result !== 5) {          結果が意図したものと異なる場合、エラーを発生させる
    throw new Error(`add(a, b) は a と b の和を返す, ⏎
しかし返ってきたのは ${result}`);
```

```
    }
  }
```

　このテストコードは、add()関数に引数として2と3を渡した際に、正しい結果として期待される5以外の結果を返した場合に、エラーを発生させるようになっています。

　期待通りの動作にならなかった場合はadd()関数をデバッグし、再度テストコードを実行して動作を確認する……というサイクルを繰り返します。テストコードは機械が実行するため、人間が手動で行う場合に比べて、プログラムの動作検証が格段に早く済みます。さらに、人間と違って繰り返し検証しても、操作を間違えることはありません。

 テストコードってもっと特別なコードかと思ってました

いつもプログラミングで書いているコードと基本は同じだよ

　実際にテストコードを書いていく際は、テストライブラリやテストフレームワークを使うことが一般的です。例えばJavaScriptではJestというフレームワークがよく使われます。先ほどのテストコードをJestで書くと次のようになります。

コード6-10のテストコード（Jest）

```
test('add(2, 3) は 5 になる', () => {
  expect(add(2, 3)).toBe(5);
});
```

フレームワークによって、add(2, 3)の結果が5であるかどうかを、シンプルにテストできるようになります。テストコードは自分以外の誰かが確認することもあるため、書きやすさだけでなく、読みやすさも重要です。シンプルで読みやすいテストコードが書けるフレームワークは、ぜひ活用するようにしましょう。

　なお、テストコードの書き方はそれだけで1冊の本ができるくらい奥が深い領域です。本書の解説は概念を理解するための範囲に留めていますが、もっと深くテストコードについて学びたくなったら、ぜひ専門書を手に取ってみてください。

テストコードとデバッグの関係

　デバッグを助けるテストコードには、次の2つの要素があります。

デバッグ中の動作確認を自動化できる
不具合の修正が他のコードに影響を与えないか確認できる

　デバッグ中は何度もコードの動作確認を行いますが、その都度手動で確認をしていると時間も手間もかかってしまいます。動作確認をテストコードで自動化できれば、不具合の原因を探る作業に集中できるようになります。

　また不具合の修正が終わったとしても、その修正によってコードの他の部分に新たな不具合が発生することもあります。そのような影響の有無を調査する際にも、テストコードは活躍します。システム全体にテストコードが用意されていれば、テストコードが通る＝正しい挙動であることの証明ができます。外部への影響を手動で一つ一つ確かめるよりも、高速にかつ確実な確認ができます。

不具合が発生したらまずテストコードを書く

　テストコードで動作確認を自動化すれば、デバッグが効率的になると説明しました。つまり不具合が発生したとき、本来最初に取り組むべきは、不具合を再現するためのテストコードを書くことです。

　このアプローチは、まず不具合の再現をテストコードで自動化することで、効率的に作業を進められるようになる点にメリットがあります。さらに、不具合の修正後も、自動化されたテストによって再発しないことが確認できるため、安心感が得られます。

　不具合の報告を受けた際、すぐにコードを修正したくなる気持ちもあるかもしれませんが、まずは冷静に不具合を再現するためのテストコードを作成するよう心がけましょう。これにより、迅速かつ確実に問題を特定し、解決に向けた作業を進めることができます。

　不具合が起きたときは、次のような順序で対応を行うのが理想的です。

1. どのような不具合か確認する
2. 不具合を再現するテストコードを書く
3. テストコードをパスするようにコードを修正する
4. 他のテストも実行し、修正による影響がないことを確認する

　デバッグと修正作業は、何回も同じような作業を繰り返す性質があります。手作業で何度も確認するのは時間の無駄ですし、特に不具合対応しているときは焦っているためミスすることもあります。テストコードを書いて活用することでデバッグを効率的に進めてみましょう。

実際のユーザー操作を再現するE2Eテストツール

　先ほど紹介したテストコードは、ユニットテストと呼ばれる関数やクラスなどのプログラムの一部をテストする手法です。それに対して、実際にユーザーが操作しているように動作テストする手法をE2E（end to end）テストと呼びます。

　E2Eテストは、アプリケーションそのものの動作確認ができるため、全体を通して動作に問題がないかを確認できます。プログラミング言語などに左右されないため、同じツールでさまざまなアプリケーションの動作確認を自動化できます。

　よく使われる代表的なツールを紹介します。これらのツールを適切に活用することで、デバッグ作業の効率化と、作業の負担軽減を実現できます。

Playwright／Selenium
　　　　ブラウザの操作を自動化する。Visual Studio Codeやブラウザの拡張機能をインストールし、実際にブラウザ操作したものを記録し再現できる
XCUITest（iOS用）／Espressoテストレコーダー（Android用）
　　　　モバイルアプリの操作を自動化する

エピローグ

エラーって怖いものじゃないんですね

前まででエラーを怪奇現象だと思ってたのに…
成長したね！

デバッグもなんだか楽しくなってきました！

その調子でこれからもプログラミングを楽しん
でいこう！

　本書を最後まで読んでいただき、ありがとうございます。
　エラーの読み方や、効率的なデバッグ手法は、先輩から後輩への口頭伝承によって伝えられることが多いように思います。デバッグはプログラミングにおいて基本的なスキルにもかかわらず、いざ学ぼうと思ったときに道標となる情報が世の中には意外とありません。そこで、デバッグのエッセンスを一冊の本にまとめることが本書の狙いでした。

　特に基礎知識を身につけていないうちは、エラーにうまく対処できず「行き詰まった」感覚になることもしかたありません。本書を通じて、「エラーはプログラマーの最大の味方」であるということを実感してもらえたら嬉しいです。

不具合に遭遇したときに「嫌だなぁ」と感じるのではなく「おっ、今回はどんな発見があるだろうか？」「どのようにデバッグをしようか？」「どこに改善の余地があるだろうか？」とワクワクした気持ちになれれば、プログラミングはより楽しいものになるはずです。

　また、読者の皆様が遭遇した不具合のエピソードや「これは使えるテクニックだ！」と思えるものを、本書の感想とともにブログやSNSなどで発信していただけると嬉しいです。デバッグ手法に絶対的な正解は存在しませんし、失敗談含めて、こういった情報は他の人の参考になります。皆様の投稿を楽しみにしております。

　この本が読者の皆様の成長を加速させるものであれば幸いです。

桜庭洋之、望月幸太郎

#コードが動かない

　読者の皆様の「コードが動かない！」体験談や、本書の感想は、ぜひこのハッシュタグをつけてご投稿ください。

索引

■ 著者プロフィール

桜庭洋之 （さくらば・ひろゆき）

中学生でインターネットに出会いプログラミングにはまる。自宅サーバやルータ自作を
し、大量トラフィックサービスを運営してきた。現在は、株式会社ベーシックに所属し、
Web からスマホアプリまでさまざまな開発をしている。何の役にも立たない「無駄だけ
ど面白いコード」を書くのが好き。著書に『スラスラわかる JavaScript 新版』（共著）
がある。
【Twitter（X）】@zaru

望月幸太郎 （もちづき・こうたろう）

Web アプリケーションを開発するプログラマー。大学では数学を専攻し、アルゴリズ
ムの計算量などについて学ぶ。難しいことを、できるだけわかりやすく解説したいとの
思いから、執筆活動を行っている。著書『スラスラわかる JavaScript 新版』（共著）。
進化しつづけるプログラミングの世界で、よりよい開発体験を求めて日々研究中。

■ YouTube で学習に役立つコンテンツを配信中！
・ムーザルちゃんねる
【YouTube】https://www.youtube.com/c/moozaru
【Twitter（X）】@moozaru_ch

プログラミング初学者や Web 制作に興味のある方へ、少しふざけつつも役に立つ情
報を配信しています。

装丁・本文デザイン：萩原弦一郎（256）
イラスト・マンガ：二村大輔
DTP：株式会社シンクス
編集：大嶋航平

レビューにご協力いただいた方々（敬称略）：
義永聖
新城理子
齋藤悠大
佐々木舞
北村亮太

コードが動かないので帰れません！
新人プログラマーのためのエラーが怖くなくなる本

2023年9月13日　初版第1刷発行
2024年5月25日　初版第2刷発行

著　者　　　桜庭 洋之（さくらば ひろゆき）
　　　　　　望月 幸太郎（もちづき こうたろう）
発行人　　　佐々木 幹夫
発行所　　　株式会社 翔泳社（https://www.shoeisha.co.jp）
印刷・製本　株式会社ワコー

ISBN978-4-7981-8067-0
Printed in Japan